能力UP！
薪水UP！

一生都受用的50項關鍵工作術

職場必備

Business Skill Picture Book

技能圖鑑

全職種適用！
助你縱橫職場無敵手的技能寶典！

堀公俊・著　鍾嘉惠・譯

前 言

「你目前擁有什麼專業技能？」
「具備怎樣的技能，你的工作就會有進展？」
「今後你希望學會的專業技能是什麼？」

我想，能夠順利回答這些問題的職場人應該不多吧？

從某個角度來說，這也許是無可奈何的事。因為我們埋首在堆積如山的工作中，光是處理這些，就沒有時間去思考能力方面的事。頂多是偶爾參加研習時會去想一下吧？

我們常常在考慮換工作時才發覺，自己並沒有足以在其他公司發揮的專業技能。這是以長期雇用為主、會員制型態的日本企業經常會發生的悲劇。

在完成工作方面所需要的技能，稱作「職場技能」。是為了在工作上取得優異表現的技術。未確實學會這些技能，便有如赤手空拳上戰場。只能靠人品、關係和努力在世間走跳，除此之外別無他法。

今後，日本的雇用型態無可避免地也將轉為要求具備專業能力的任務型。在日益複雜的職場環境中，需要擁有高度專業技術的人才。對個人和對組織來說，如何提升職場技能已是燃眉的課題。

回到一開始的提問。在思考這三個問題時，有件事是共通且必要的。那就是對工作所需能力有全盤的認識，否則只會給出臨時想到的答案。

然而，坊間雖然有成堆的書籍或培訓課程可以教我們每一個單項能力，但幾乎找不到綜合講述這些能力的專書和課程。

不得已只好拿起偶然在書店看到的書來讀，或是碰巧主管推薦某個培訓課程就去上，我猜這就是目前技能提升的現況吧？這樣不可能具備可以自主計畫的開發能力。

因此，本書是以集結所有職場人所需要的能力、深入淺出地予以講解為目標。這就是《職場必備技能圖鑑》。

這本圖鑑將透過視覺傳達的方式，為各位介紹不分職業都需要的50（+15）種職場技能。我在書中會結合大量的圖表為各位闡明各項技能的標準思維和具體的技能組合。並進一步講解著手學習技能的關鍵，讓各位能馬上和實踐連結。

書末並附上各種職業所需技能一覽表，及專為想進一步學習的朋友所準備的閱讀指南。真的是一本關於職場技能的百科全書。

第一章記述了使用方法。各位務必大致瀏覽過，之後便可從自己喜歡的章節讀起。

不必按順序閱讀，可以快速翻閱，挑自己感興趣的部分閱讀。或者，把它當成字典來用，想到時才查閱也沒關係。若能時時擺在身邊長期派上用場，我會感到很高興。

此刻，我們同時面臨著巨大的難關和技術革新。為了順利度過，必須從根檢視做事的方法和工作方式。反過來說，能做到這一點的個人和組織將會在接下來的時代裡大放異彩。

正所謂危機就是轉機。讓我們不斷磨礪職場技能，立志成為開拓新時代的人才，在未知的時代邁步前進吧！

2021年7月
堀 公俊

職場必備技能圖鑑

目次

第 **5** 章 ┃ 使工作高效進行的
業務類技能

第 **6** 章 | 創造新價值的 知性生產類技能

本書利用【凡例】

‧技能名稱和理論名稱等使用的是最為普遍的說法,並以括弧註記別名。

‧圖片等的出處記載於正文中或圖片下方。

‧不論日本人和外國人一律省略敬稱。

‧本書介紹的理論和技能已被公式化,是前人深刻洞察和研究的成果。謹向
　發現、提倡的諸位先賢表達深深的敬意。

何謂創造出最佳成果的

職場技能？

01 從「Know」到「Do」

工作必備的三要素

我們在工作上需具備的能力包含三項要素。我舉業務員為例為各位說明。

第一項要素是**知識**。如果不具備從事推銷工作所需要的知識和資訊，如商品知識、顧客需求、買賣規則等，便不會有好的成果。想要迅速掌握這些知識，最好的方法是閱讀書本和資料。

第二項是**技能**。進行溝通、簡報、談判等的銷售行為不能沒有一些技術。這些主要是在實際跑業務的經驗或訓練中養成。

還有第三項**態度**。需要有適合從事銷售工作的樣子，如開朗有活力的言行、積極真誠的態度等。其中尤其重要的是動力（幹勁）。

完成工作的能力即是這三項要素相乘後的結果。少了其中任何一項就會做不好。以均衡的方式加強這三要素正是能力開發的要訣。

從「知道」進步到「有能力做」

本書將焦點對準第二項的技能，也就是專業**技能**。完成工作上所需要的能力，我們稱之為「**職場技能**」。要在複雜化的職場環境中持續取得成果，需要有廣泛且高度的專業技能。

專業技能就是能力，因此僅僅「知道」（know）不能算是已掌握能力。比方說，讀過商用書籍光知道簡報理論，那就只不過是知識罷了。

重要的是「能」照著理論實踐（Do）。不能將知識轉換為行動的話，便稱不上是專業技能。

而且，只在研習時做成功一次並沒有意義。能夠在實務現場穩定地做到才算是具備那項能力。

再說，公司不是學校。徒有能力也令人困擾。做不出成果便不能說

是真正的「有能力」。畢竟，職場技能就是為了讓人在工作上獲得優異成績的技術。

必須是能帶著走的專業技能

在思考職場技能方面還有一點很重要。

我舉一個例子，醫師在哪家醫院服務都能治療病患。不論是在飛機上或是鬧區的百貨公司，只要有人需要，在任何地方都能施展自己的醫術。不論在任職單位或工作的第一線都能夠運用自如，才配稱為真正的技能。

職場技能的情況也完全相同。不管去到任何公司都吃得開的技能才是真材實料。因為可以隨身帶著走，所以稱作**可攜式技能**。

換句話說，必須是我可以勝任「業務的工作」，而不是我能勝任「○○公司業務部的工作」才行。既然真的學會簡報技巧，那麼不論是對顧客提出簡報或在喜宴上致詞，一定都能好好表現。

當然，通用性技能要追求到什麼程度，視個人和情況而定。如果有決心和氣魄打算要在現在的公司服務一輩子，也許就不需要帶著走的能力。不過即便是這樣的人，我也希望你能將本書是如何看待技能這事放在腦中的一個角落，繼續閱讀下去。

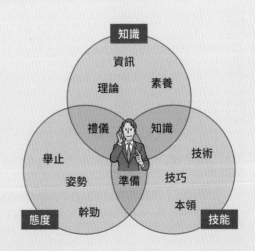

02　我們應當掌握哪些技能？

至今不變的兩項能力

　　現代職場人需要具備的技能，真的是五花八門。羅伯特・凱茲（Robert L. Katz）將它整理歸納成三類。即**Conceptual Skills**（概念能力）、**Human Skills**（人際能力）、**Technical Skills**（技術能力）。這種分類法被稱為**凱茲的能力模型**。

　　至今它仍是一套有用且出色的架構，但畢竟是六十年前提出的學說，有些部分已不切合實際。因此本書將技能重新整理成五大類，為各位進行解說。

　　第一類是邏輯思考、擬定策略等的**思維類能力**。各位不妨把它想成與凱茲的概念能力同義。

　　我們在工作上需要能理解問題的本質，以做出準確的判斷。若不培養思考能力，個人和組織將會像無頭蒼蠅那樣找不到方向。

　　第二類是從旁輔導、引導等的**人際類能力**。請把它想成與凱茲的人際能力是相同的意思。

　　工作要靠許多人的合作和共同努力才能達成。溝通不順暢的話，組織的力量便無法施展。

現代特有的三種能力

　　我提出的第三類是以領導能力為首的**組織類能力**。全球化人才、心理保健這一類近年備受關注的能力也被納入這範疇。如果依凱茲的能力模型來說，有很多都被放在人際能力這一範疇。

　　第四類是**業務類能力**。我將電腦、專案管理等現代職場人必修的技術全歸到這一類。這一塊的內容今後應該會繼續不斷增加。

　　以及第五類乃是**知性生產類的能力**。現在我們的工作大半是關於資

訊的收集、生產、加工、傳遞的腦力作業。我試著將閱讀技巧、圖解技巧等作為工作基礎的知性技能放在一塊。即結合概念能力和技術能力的技能。

該學習哪些技能好呢？

一旦有這麼多的技能，就會不知道該從何處著手。

選擇的一個依據是，哪些是目前從事的工作必不可少的能力（Must）。比方說，凱茲的能力模型認為，隨著管理層級的上升，需要的能力會依技術→人際→概念的順序改變。所需的技能也會根據職業類型和專業而有所不同。

然而，這麼一來我們就不得不去碰自己不擅長的部分。不太提得起勁，要花許多時間學習。

如果是這樣，有一種方法就是不妨進一步發展自己的能力（Can）。即以現在自己能做的事為軸心，一點一點地擴展到相近領域的工作。這種方法可以讓人不那麼抗拒。

無論如何，要學會一項能力，不能沒有相應的訓練和經驗累積。為了保有動力，從自己感興趣或關心的事物（Will）開始也不失為一個好辦法。也許有一天工作會用得上。

假使發現自己已經同時具備這三種技能，不用多說，當然是要立刻展開行動。

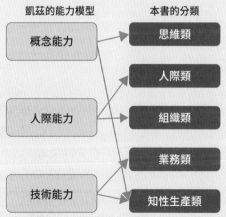

03 學會技能的三種方法

如何正確利用閱讀和研習

怎樣才能將職場技能變成自己所有呢？

正如前文提到的，光靠**閱讀書本**（或觀看影片）並不能學會一項技能。閱讀是吸收知識的最佳管道，但除非照著書中寫的實際做過一次，否則不可能學會。

而且有一些副作用，如讀過就以為自己經歷過；總是覺得只要看書就好，便放心地不去實踐。閱讀應該用於事前的調查工作，研究「應該做什麼」；或者是，能做到一定程度的人藉由閱讀來了解自己正在做的事。

在這一點上，一次性的**團體研習**也沒有顯著不同。就算多少有些訓練的時間，也是用來互相檢查技能、獲得回饋。和閱讀一樣，「學習應當學習什麼」成了主要目的。

研習的成果取決於研習前的動機和研習後的實踐。除非必須在工作中實踐所學，否則不會產生行動。而且同樣要累積經驗，否則不會變成自己的技能。

只是認真努力並不夠

這麼說來，透過工作獲得技能還是最好的方法。不過這裡有個陷阱，若做法不當的話，無法內化成為自己的一部分。

比方說，假設你想學市場行銷而調到行銷部門。若問，在那裡工作幾年就能學會市場行銷？倒也未必。

因為公司通常會依據實際情況將工作標準化或常規化。極端的情況甚至會拆解成一項一項任務，好讓不懂市場行銷的門外漢也能勝任。所以動腦思考工作的人和執行工作的人是分開的。

　　而且還是市場行銷的部分挪用，或是被修改得具有濃濃的自家風格。在這種情況下，如果只是竭盡全力執行主管交付的工作，進步的只是行銷「部」的技能。

將自己想過的事付諸實行

　　想要掌握技能，就必須了解任務的含意再予以實踐。必須在知道自己的工作在行銷中的定位後，**自主地**完成任務。

　　更理想的情況是透過書籍和研習去理解「本來應該怎麼做」，自行設計行銷部的工作然後付諸實行。唯有像這樣經過自己思考再採取行動，才能真正掌握技能。

　　過程中如果有得到什麼竅門，就與行銷學的理論對照，用語言描述出來使其通則化。如此在顯性知識和隱性知識之間來回穿梭，讓一般性的知識逐漸昇華成可以帶著走的能力。

　　為此，不見得一定要在行銷部門工作。無論待在哪個部門，只要以行銷的觀點重新設計工作就行了。更進一步說，也不一定要是公司，利用志工團體、同好社團、家庭等當作鍛鍊場也是一個辦法。

　　更何況，如果一直待在同一家公司的同一個部門工作，會連自己到底有沒有學到技能都不清楚。透過換工作、從事副業、創業等，積極去挑戰不同的領域，對技能提升不可或缺。

看書、看影片
・了解本來應該怎麼做
・盤點技能
・了解要學習什麼？

研習、訓練
・實踐的練習場
・當作挑戰不同領域的機會來利用
・獲得回饋

經驗、實踐
・落實為行動
・重新設計工作
・將實務技巧理論化

本書的活用指南

找出應當具備的技能

　　從現在開始，我要為各位介紹現代職場人應當具備的50（+15）種技能。我查遍眾多的商用書籍和培訓項目，精心挑選出不分職業、必不可少的技能。

　　學生、新進員工或是至今很少去關心技能的朋友，請運用它來探尋「今後應當學習什麼」。

　　首先，建議各位快速翻閱，掌握職場技能的概要。如果發現有興趣的技能務必讀讀看，只看標題下方的「提要」和「基本思維」也無妨。這樣應該就會知道該項技能的用途、有何效果。

　　請在這麼做的過程中，找出應當學習或想學習的技能，可以只找一項。也可以參考書末的「職業別職場技能一覽表」。

　　選好的話，建議讀「技能組合」，同時照著「最初的一步」做做看。儘管不難上手，但其內容切中實踐的本質。首先要有小的成功經驗，這對完成技能提升這場持久戰很重要。

檢視自己的技能

　　另一方面，一定程度能夠獨當一面、已是中堅分子的朋友，請利用本書來盤點自己的技能。

　　比方說，大略瀏覽過五十種技能後，請勾選看看自己具備多少技能。想要詳細分析的朋友，請分成五類：「不知」、「已知」、「有時做得到」、「總是做得到」、「可以做出成果」。

　　此外，對於「總是做得到」、「可以做出成果」的技能，要再檢查是否已有自己的風格、能否帶著走。

　　在「技能組合」方面，我參考各種資料，將感覺最基本的子技能全

部匯總成四個項目進行解說。這些全不會的話，在社會上不能算是「有能力」。

除此之外還想再增進一些技能的朋友，本書的資訊有限，請看書末的「閱讀指南」。建議一項技能一本書。古今中外的名著也包含在內，我主要挑選對提升技能有幫助、實用的書。

對有系統地發展技能很有用

除此之外，對部下和後輩的養成負有責任的主管和資深老手，或是從事能力開發部門工作的朋友，若能在思考人才開發之際將本書當作指南使用，我會感到欣慰。

人才培育很重要的是有系統地進行教育。應當在充分理解當事人需要什麼、自己的部門或公司有何不足之後再採取行動。「技能組合」、「相關技能」和書末的「職業別職場技能一覽表」一定能派上用場。

在工作單位或公司持續遇到困難時也是如此。不妨參考「提要」、「基本思維」、「相關技能」，找出可以用何種技能解決問題。

當你要選擇培育的手段時，也請參照本書。如果想要部下讀書，就從「閱讀指南」去挑選；想讓部下去受訓的話，從「技能組合」蒐羅的技能中去挑選，應該不會讓你失望。

重新設計工作和工作方式

最後，我期待所有職場人在思考工作和工作方式之際，能將本書當作辭典使用。

標題	技能的一般性名稱
提要	利用場景、必要性、效用等
主要圖片	技能的概要和解說全貌
基本思維	技能的目的和標準定義
技能組合	技能所包含的四項子技能
最初的一步	一開始應當做的小實踐
相關技能	應當一併學習的三種技能

如前文提到的，我們常常會迷失工作的意義，埋首完成每天的作業。喪失主體性，毫不拖延地專心做著別人規定的事。這種情況別說是技能提升，連工作的喜悅都感受不到。

自己經過設計再實踐的工作，做起來才覺得有意義。把工作當作自己的事，想要畢生全心投入。

重新設計工作的一個線索是，知道原本應有的樣子。為此，本書肯定能發揮功用。

這句話也適用於公司。讀完本書應該就能全面性地掌握推進一項業務必須做哪些事。同時逐漸清楚自家公司的優勢和劣勢、應該發展和應該改善之處。

現在，個人和企業都面臨著重新設計工作和工作方式的壓力。各位若能活用本書作為輔助工具，我辛苦寫作就值得了。

第 2 章

加速工作進行的
思維類技能

提高思維和行動的品質

思考力是最強大的武器

　　現在，我們生活在一個不透明且不確定的時代。沒有人能告訴我們正確答案是什麼、應該走哪一條路，必須自己動腦去找到答案。

　　為此，我們需要結合自己所擁有的知識和資訊，充分理解事物的本質，想出合理且具創造性的答案。我們的思考力正是開創未來的泉源。

　　不但如此，商業是一場各個組織培養出的思考力互撞的腦力戰。能夠預見世界的轉變，並率先體現在自家產品或服務上的企業，將可取得巨大成果。反之，無法打破自己建構的思想框架的組織，將被迫離場。

　　每位勞工也一樣。淡漠地完成例行性已知業務就沒事的時代已經結束，非例行性且未知的工作大量增加。考驗著我們能否解決每天發生的問題和迅速做決策。

　　若不是具備紮實的思維能力根本無法做事。還會被競爭對手拉大差距。自行培養出的思考力正是最強大的武器。

促進問題解決的思維類技能

　　本章會介紹與思考有關的十種技能。釐清要聰明地推進工作「應該考慮什麼」又要「如何思考」。

　　我首先要介紹作為一切基礎的邏輯思考。不先具備邏輯思考的話，根本沒得談。如果能同時學會批判性思考，就能理性地判斷事物。

　　然而，在商場上光靠理性並不能存活。還有一項很重要的能力是創造性思考。其中，創意發想的良窳尤其掌握了成功之鑰。

　　解決問題就是要結合這幾項思維能力。不按照正確的步驟去做便無法得出適當的答案。做決策也是如此。判斷的妥當性取決於過程。

　　另一方面，組織中最重要的作業就是擬定策略。使盡全力跑錯方向

也沒有意義，非得動用所有思維能力才行。將它落實在**行銷**中的就是一系列的業務流程。

　　不論哪項作業，都不能不考慮財務面。要妥當地判斷組織的健康狀況需要**企業會計**的技能。要支持或管理施策，需要根據數據進行**定量分析**。

　　這些技能全是支撐你工作的基礎。程度雖有差異，但所有工作類型和層級都需具備。可以說是職場的通用語言，不學會這些技能，工作便無法如願推動。可以的話，趁年輕先學會是上策。

邏輯思考
以合乎邏輯的方式思考

思考事情最快的方法就是依靠直覺（K）、經驗（K）和膽量（D）。然而，這樣非但無法深入思考，也不能處理不曾遇到的問題，更難以深入淺出地向人說明。一起來學習邏輯思考，理性地思考再做出合理的判斷吧！

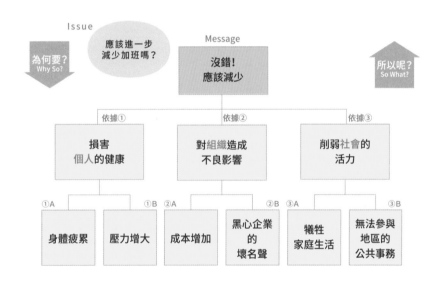

基本思維 ｜ **用邏輯思考**

　　所謂**邏輯**（Logic）就是「思維的路徑」。以合乎邏輯的方式思考就稱為**邏輯思考**。**邏輯思考**是建立在理則學的基礎上，並已被系統化為一種對工作有用的思維技能。以經營管理顧問們在工作中培養出的技法為基底。

　　學會邏輯思考就能掌握事物的本質，能夠處理複雜的問題。而且具有說服力。

技能組合　　結合兩種邏輯

縱向的邏輯　一開始先設定思考的主題。像是「應該進一步減少加班嗎？」。我們稱作Issue（論點）。用問題（問句）來表現比較容易理解。另外還有意見或結論，如「沒錯！應該減少！」。這個叫做Message（主張）。

如果只有這兩個，會完全搞不懂「為什麼應該減少加班」，也無法判斷正不正確。而要將論點和主張連接起來，不可缺少的就是道理。缺少**根據、理由、原因、基準**等的話，會讓人莫名其妙。

話雖如此，但如果不是能夠讓大多數人覺得「原來如此」、「就是那樣」的道理，理論便不可靠。以**事實、數據**或**原理、原則**為根據的話，可信度就會大增。

透過像上述這樣把論點、根據、主張妥當地連接起來，可以建立起一條可靠的思維路徑。這就是**縱向邏輯**。

- 論點 Issue
  - 題目
  - 問題
  - 疑問
  - 提問
- 依據 Reason
  - 理由
  - 背景
  - 原因
  - 標準
- 主張 Message
  - 結論
  - 意見
  - 判斷
  - 想法

橫向的邏輯　雖然建立了一條路徑，但不能就此安心。因為也許還有其他更好的路徑。相反的，也可能找到推翻目前主張的路徑。有必要多方面地檢視路徑，再整體性地思考主張的適當性。

比方說，如果打算成立新事業，至少要從人力、物力、資金、資訊四個面向去思考路徑，否則靠不住。一旦遺漏了某個重要面向便可能受傷慘重。

像這樣毫無遺漏地思考所有必要的面向就是橫向邏輯。透過橫向檢視可增加路徑的確定性。

成立新事業！

OK　OK　OK　OK

人力有　物力有　資金有　資訊有

邏輯樹　要將縱向邏輯和橫向邏輯放在一起思考，**邏輯樹**是很

好用的工具。在邏輯思考上它已是基本必備的工具。比方說，把想要提出的主張揭示在樹梢（舉例：應該進一步減少加班）。將得出此結論的理由和依據全部列在下方。

　　這時毫無遺漏地列舉很重要。這就叫做邏輯樹（MECE：Mutually Exclusive, Collectively Exhaustive）。一般認為列出3±1個依據即可。

　　假使需要，再進一步舉出支撐這些依據的理由，做成一個**金字塔結構**。由樹的上方往下看是對「為何要？」這問題的回答；由下往上看是對「所以呢？」的回答。是可以同時檢查縱向的連結是否正確、橫向有無缺漏的結構。

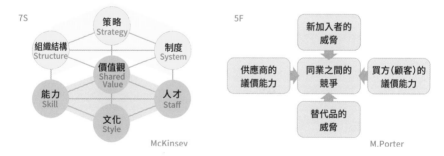

　　架構　製作邏輯樹的困難，在於不重複、不遺漏地列出理據。使用既有的切入點，要比從頭思考來得快。比如P24的邏輯樹，便是從個人、組織、社會的面向網羅式地列出所有理據。

　　我們稱這種思考事情的框架為**架構**。在企業經營管理的領域，企管學者或企管顧問多年來提出了許多架構。記住這些架構可以加速邏輯思考。

7S

策略
Strategy

組織結構
Structure

制度
System

價值觀
Shared Value

能力
Skill

人才
Staff

文化
Style

McKinsey

5F

新加入者的威脅

供應商的議價能力

同業之間的競爭

買方(顧客)的議價能力

替代品的威脅

M.Porter

最初的一步 活 用 訓 練 教 材

　　邏輯思考就是以有條理的方式思考「為什麼」、「所以呢」。首先，就從經常問自己和其他人這兩句話開始。一有機會就不厭其煩地一直問。

　　對於不擅長這麼問的朋友，有個絕佳的練習材料叫做**費米推論**。舉個例子，一起來思考這個問題：「日本境內有多少台自動販賣機？」當然，不准上網找答案。也不是憑直覺或感覺，一定要用邏輯的方式推導出答案才行。重要的是將每個人都擁有的一般知識和條件串連起來得出答案。這麼做可以訓練你建構邏輯的能力。下面記載的是一種解法，還有其他數種推導的方法。網路上有許多同樣的題目，有興趣的朋友不妨挑戰看看。

▌日本境內有多少台自動販賣機？

首先，自動販賣機指的是什麼？	怎樣能知道有多少台飲料販賣機？	有多少台飲料自動販賣機？
●物品（（飲料、香菸等）+服務（售票機、兌幣機等） ●算出最常看到的飲料販賣機，再乘以兩倍是不是就行了？	●平均一人的購買量×購買人口÷平均一台的供給量 ●單位面積的台數×日本的面積（僅都會區） ●是不是兩者都算算看，即可算出吻合的台數？	●購買：1罐×50週×8千萬人÷12個月÷100罐≒300萬台 ●面積：50台×1公里×1公里×37萬平方公里×10%≒200萬台

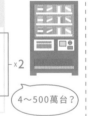

×2

4～500萬台？

相關技能 理 性 地 思 考 再 行 動

02 批判性思考　我們的思維存在不少扭曲和偏見，批判性思考（Critical thinking）可以幫我們打破它們。

05 解決問題　解決問題最常見的失敗就是，輕易地根據直覺或經驗去解決問題。這樣問題是處理了，但並沒有解決。充分運用邏輯思考，將能根本性地解決問題。

10 定量分析　為了進行邏輯思考，不僅要讓思維更敏銳，還要分析量化的數據加以驗證，這點很重要。

02 批判性思考
推導出可靠的想法

我們的思維存在不少扭曲和偏見。迷思也是其中一種。儘管如此，可是當我們想到一個似是而非的想法就不會再繼續深入思考。為免扼腕、後悔「當初應該再多想一下……」，讓我們懷疑自己的想法，試著批判性思考吧！

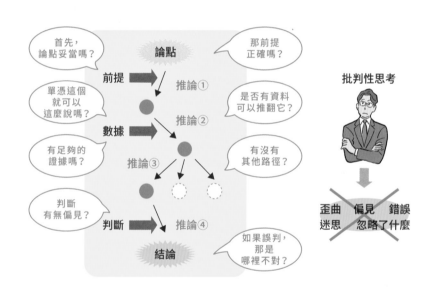

基本思維 | 用批判的眼光檢視自己的想法

　　原本，以合乎邏輯的方式思考叫做**Critical thinking**（**批判性思考，即廣義的批判性思考**）。不過後來因為Logical thinking普及化，近年它的用法多半著重在Critical（批判性）這個面向（狹義的批判性思考）。

　　刻意用批判的眼光檢視自己的想法，思考「真的是這樣嗎？」、「不能從其他角度去思考嗎？」。這麼做可以將邏輯上的錯誤減到最低。

技能組合　　避開邏輯的陷阱

演繹法　為了正確地推論，我希望各位務必記住的是**演繹法**。首先是舉出一個許多情況都適用的一般性想法，如「領導者需要有決斷力」之類的。我們稱它為**規則（大前提）**。

其次是提出我們現在正面臨的事態或觀察到的實例，如「我家老闆判斷事情很慢」之類的。這個叫個案（小前提）。

最後是思考如果將規則套用在個案上可以推導出什麼結論。以這個例子來說，結論就是「這領導者不合格」。這就是**三段論法**。

這裡我希望各位能去**懷疑規則（前提）**的妥當性。需要小心檢視是否在任何時候、任何情況下都成立？不是只是自認為如此或自己的期待？有沒有可能其他想法也說得通呢？

另一種常見的是規則和個案的錯誤配對。比方說，假使判斷事情很慢指的是日常生活中的情況，那套用此規則就是錯誤的。

歸納法　和演繹法相反的是**歸納法**，即從個案推導出規則。即「A部長、B部長、C部長求學時代都是運動社團的隊長。所以當過隊長的人都會出人頭地」這類推論法。

最須當心的是過度**概括而論**。只有三個例子就如此判斷好嗎？個案收集是否偏頗，如「三人都來自銷售部門」？有多少當過隊長未能出人頭地的**反例**呢？要檢查過這些部分才算靠得住。

還有一點要注意，就是是否存在錯誤的共同點。即事實上三人都畢業自××大學，是這點對出人頭地起了作用。

歸納法就像這樣充斥許多破綻。考驗著我們是否未經過完整調查便做出判斷。

因果關係　在建構邏輯上還有一樣東西不可或缺。就是「做了A（原因）就會變成B（結果）」的**因果關係**。這也是想得過於簡單便可能誤入歧途的狀況。

首先要確認是否存在「A的增減連帶使得B出現增減」這類的**相關關係**。要收集到一定程度的案例才看得出來。就算存在相關關係也不見得就是A導致B，也有可能是B導致A。要調查A和B出現的**時間順序**才能知道是何者。

也有些情況是**第三因素**同時對A和B產生作用才會看似存在因果關係。還有些案例是存在其他重要原因，A只是碰巧扣下扳機（**最後一根稻草**）。不僅A和B的關係，還要廣泛調查其他因素，否則不能說肯定無誤。

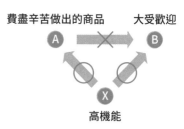

費盡辛苦做出的商品　大受歡迎
A　×　B
X
高機能

基模和偏誤　每個人各自擁有認知和解釋的架構，我們稱為**基模**。它不必然不好，但一不小就會變成迷思，導致邏輯錯誤。為免演變至此，我們必須對前提提出質疑、尋找反證、從正反兩面思考並進行對話。

除此之外，人們普遍都有偏誤，也就是思維和認知的習慣。許多種偏誤現在已為人所知，如果不去懷疑是不是這些偏誤在作祟，可能就會用扭曲的眼光判斷事物。

確認偏誤	只收集肯定自己的假設的資訊
代表性偏誤	將罕見的特例一般化
歸因偏誤	試圖找出對自己有利的原因
易得性捷思	對容易想到的事給予過高的評價
後見之明偏誤	事情發生後才找理由加以正當化
從眾效應	認為多數人支持的意見就是對的
偶然性偏誤	在偶然發生的事物中找出規律或因果關係
過度評價偏誤	高估了發生機率很低的事而感到恐懼
一致性偏誤	聽到具有一致性的情節便信以為真
規避損失傾向	認為不損失比獲得更重要
定錨效應	較早接觸到的資訊會牽動之後的判斷

打開頭腦的開關

　　丹尼爾・康納曼（Daniel Kahneman）將人類心智運作的兩種模式取名為**系統一**和**系統二**。系統一是基於經驗和感覺的直覺思考模式。相反的，系統二則是運用邏輯和推論的理性思考模式。

　　平常我們是利用**系統一**處理大多數的事物。一般認為因為這樣比較快，可節省腦力的消耗。系統一處理不來才會啟動系統二。

　　換句話說，如果不強制按下系統二的開關，我們就不會想以合乎邏輯的方式思考。有助啟動開關的句子有：「真是這樣嗎？」、「還能想到別的嗎？」、「假使弄錯了呢？」等。

　　只要在腦中像口頭禪似地問自己這一類問題，就能訓練你的批判性思考。讓我們從打開偷懶成習的頭腦開關做起吧！

系統二需要專注和努力

相關技能　增加判斷的合理性

01 邏輯思考　邏輯思考紮實地匯集了所有進行邏輯思考的技法。先學會這部分也是一個辦法。

05 解決問題　解決問題的每個步驟都不能沒有批判性思考。尤其是在團隊一邊討論一邊解決問題時，不充分運用批判性思考的話，最終可能會全體一起跑錯方向。

06 決策　批判性思考最能發揮功用的就是在做決策的場面。做決策很容易陷入邏輯的圈套或偏見的陷阱，進而導致判斷錯誤。

03 創造性思考
進行有創意的思考

> 近來開始常常聽到設計思考或藝術思考這樣的詞彙。兩者都是不受傳統框架束縛，產出創新想法的思考方式。如今各個領域都高呼創新的重要性，因此不難理解，如今所有職場人都需要具備創造性思考的能力。

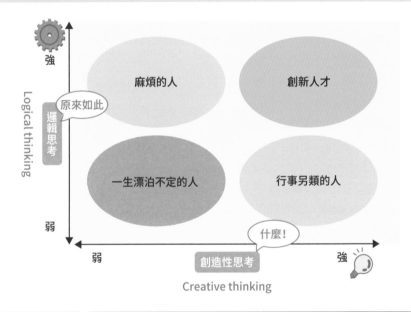

基本思維 **孕育出靈感**

　　有條有理地思考以找出一個普遍性的答案是邏輯思考（垂直思考）。相反的，不受常規常理束縛，想出具獨創性的答案則是**創造性思考**（水平思考）。是創新必不可少的思考法。

　　只是自由思索並不會湧現獨特的想法。除非熟悉創造生成的機制，按部就班地思考，否則靈感不會產生。要產出獨樹一幟的構想靠的是技術，不是品味。任何人都能學會。

32

技能組合　｜實踐創造的過程

收集資訊　所謂創意就是「既有元素的新組合」（J. W. Young）。在腦中輸入滿滿的既有元素，也就是資訊、知識、數據、已知的點子等，對產生新的構想不可或缺。

有個簡單的方法是從書籍、大眾傳媒、網路等的二手資訊中，收集與主題直接相關的客觀事實。不過如果只是這樣，那構想會很普通。直接觀察用戶的行為，或是置身現場體驗相同的情境，收集感性的資訊（一手資訊）很重要。深刻的同情共感而非理智上的理解，掌握了構思的關鍵。

然而，光靠與主題直接相關的知識並不會產生意想不到的組合。收集主題以外的資訊很重要，如掌握一般素養、擁有多個專業領域的知識、增加經驗和人脈等。平時不積極收集資訊，緊要關頭便無法發揮力量。

理性的	感性的
數據	知覺
客觀	主觀
統計（整體）	事實（個別）
平均、代表	特異點、例外
假設、驗證	共感、意義
分析能力	洞察力

摸索著眼點　頭腦中的資訊增加後，別立刻就動腦想點子，讓它先醞釀一下很重要。鳥瞰式地看一看這些資訊，想想完全無關的事，或者暫時停止思考。

據說點子誕生自三上（馬上、枕頭上、馬桶上）。放慢思考，腦中的預設網路（Default Mode Network）就會啟動，於是資訊之間會形成新的連結，並開始產生洞見。

這閃現的念頭就是創造具體構想的**著眼點**。如果是關於商品或服務的構想，那正是概念（為誰提供怎樣的價值）。明快地做出定義，再確認是否值得將它落實為具體的構想。

創意發想 著眼點確定了，下一步就要思考具體的構想。如果試圖一開始就提出令人眼睛一亮的方案，所有人都會陷入沉思。因此首要之務是扔出大量想法，充分讓思考發散，只是一個小念頭也沒關係。

之後再收斂成幾個主要的想法，例如進行簡單的篩選，在選出的想法上添加新意，然後將想法組合起來。此階段已有許多有用的手法和工具，靈活運用便能有效地進行創意發想。

驗證假設 在這個階段，構想不過是個假設，不驗證的話不曉得能不能用。假使有問題，早點知道比較好。最簡單的就是提出構想的人自行試做樣品體驗看看，粗糙也沒關係。重要的是快速進行假設和驗證的循環。

完成驗證之後，終於要正式在市場上測試了。這時確認偏誤會更容易起作用，必須以合乎邏輯的方式分析使用者的反應和評價。藉由重複這項作業，不斷修正構想，精煉成可能實現的計畫。

屬性列舉法

新一代商用電腦

名詞的特性 → 整體、局部 材料 製法 → 碳纖維 連接大螢幕

形容詞的特性 → 性質 顏色、形狀 設計 → 36種顏色可 厚度5公厘

動詞的特性 → 功能 作用 性能 → 超高速CPU 24小時運轉

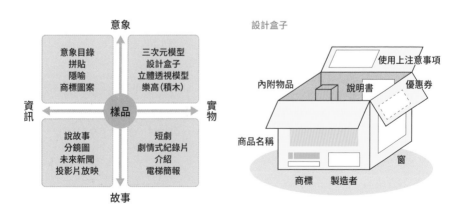

意象

意象目錄 拼貼 隱喻 商標圖案

三次元模型 設計盒子 立體透視模型 樂高(積木)

資訊 ← 樣品 → 實物

說故事 分鏡圖 未來新聞 投影片放映

短劇 劇情式紀錄片 介紹 電梯簡報

故事

設計盒子

使用上注意事項
內附物品
說明書
優惠券
商品名稱
窗
商標　製造者

最初的一步　**自 己 張 開 觸 角**

　　創造性思考高度受到我們平時吸收的資訊量左右。希望產出具獨創性想法的人有必要從這裡開始。訣竅是提出一個主題（課題）或假設然後收集資訊。

　　我們的腦具有**選擇性注意**的功能。一旦在意某件事便只會輸入和那件事有關的資訊，而將不必要的資訊阻擋在外。腦中一旦想著「紅色物品」就只會看到紅色事物的**彩色浴效應**便是典型。所以人才會「只看到自己想看的東西」、「只聽到自己想聽的話」。

　　除非自己張開觸角，否則無法獲取想要的資訊。收集資訊時要有具體的課題，並懷著探究心和好奇心搜捕資訊。不但如此，還要讓自己的五感更加敏銳，提高敏感度，不然無法獲得別人不知道的獨一無二訊息。這些正是創意的種子。

相關技能　**支 援 創 造 性 的 活 動**

04 創意發想　就算找到再出色的著眼點，最後仍然是以構想定勝負。若想用自創的方法產出優秀的構想，通常不會順利。有必要利用各種運用構思原理的技法和工具。

16 簡報　實現一項計畫需要許多人的配合和支持。能打動人的簡報將是關鍵因素。

41 收集資訊　從資訊的收集、整理到閱讀、會話，日復一日不斷累積下會綻放出創意的花朵。可充分運用第六章的技能。

04 創意發想
產出具原創性的想法

有些人說「創意會解決一切」，其實並不誇張。通常只要能夠想到讓人眼睛一亮的點子，常常就可以立刻解決問題、達成共識。靈感不會偶然從天而降。唯有掌握構思技巧，且努力不懈的人，才會得到具有創意的好點子。

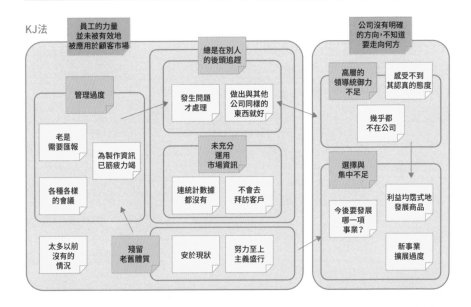

KJ法

員工的力量並未被有效地被應用於顧客市場

管理過度
老是需要匯報
為製作資訊已筋疲力竭
各種各樣的會議
太多以前沒有的情況
殘留老舊體質

總是在別人的後頭追趕
發生問題才處理
做出與其他公司同樣的東西就好
未充分運用市場資訊
連統計數據都沒有
不會去拜訪客戶
安於現狀
努力至上主義盛行

公司沒有明確的方向，不知道要走向何方
高層的領導統御力不足
感受不到其認真的態度
幾乎都不在公司
選擇與集中不足
今後要發展哪一項事業？
利益均霑式地發展商品
新事業擴展過度

基本思維　　打破自己的框架

　　想出達成目標的方法或巧思。而且是腦中閃現具體的想法，不只是朦朦朧朧的念頭，稱之為**創意發想**。這是構成所有智力生產活動核心的行為。

　　自由思考的頭號大敵就是自己的思維框架。一些打破框架的原理已為人所知，並且被工具化為構思技法。如果能將這些技法運用自如，將會打開你的創意人之路。

技能組合　**靈活運用構思的原理**

聯想　即使不能一開始就想出具原創性的想法，但從現有的想法慢慢擴大想像，有一天也許就能想出意想不到的點子。這就是運用**聯想**的創意發想。最有名的手法就是**腦力激盪**。還有進一步加以改良的腦力書寫（Brain-writing）。

讓想法依放射狀展開的**心智圖**用於聯想也很方便。使用3×3的格子進行聯想的**曼陀羅法**，可以在短時間內產出大量的點子。

在聯想上，中途評斷想法的好壞並無意義。因為即便糟粕也可能創造出珍寶。為此，是要進一步攻打枝葉？抑或放棄，重新發展新的主幹呢？決定進攻標的的掌舵者會很重要。

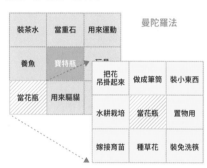

展開　人的思維會有慣性。自由思考下會出現不少偏差。如果是這樣，準備一些方便思考的切入點，一網打盡式地發展想法，即可減少被自己的框架束縛的情況。

實現此原理的是**屬性列舉法**（P34）和**如何樹**（P46）。或都是使用**價值圖**，就能得到平時不會注意到的點子。作為實踐**突破性思考**的工具也很有用。包括**奔馳法（SCAMPER）**在內，還有許多將想法的切入點（視角）結合起來的技法。

不論使用哪種方法，毫無遺漏地列出所有點子並非目的。用法錯誤的話，只會產出一堆平凡無奇的點子，需要留意。

類推　找出類似的事件並套用想像一下，可以得到出人意表的想法。這就是利用**類推**（類比：

Analogy）的構思法。已為人所知的技法有**分合法**、**戈登法**、**NM法**等。

重點是類比的對象。太過相近會想不出新穎的點子；過遠則變得難以推想。乍看很遠卻有著意想不到的共同點，這樣恰到好處。重要的是平時就要思考「有沒有具有相同原理、功能、作用、性質的事物？」、「還有沒有別的事物可以比喻？」。

結合 單獨一個一個雖然平凡無奇，但**結合起來**便不同凡響。川喜田二郎的**KJ法**同樣是藉由將意想不到的元素分組來獲得嶄新的想法。組合之巧妙正是創意的源頭。

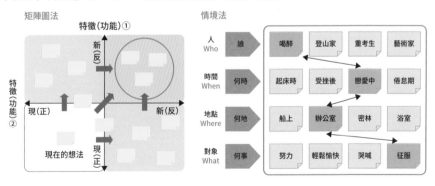

分合法

主題		構想
讓庫存減半	**直接類比** 以相似的事物或例子為線索去推想 →減肥、道路壅塞、垃圾問題……	庫存可視化
	擬人式類比 以自己作比擬來推想 →庫存好比皮下脂肪……	提高新陳代謝
	象徵式類比 依據象徵性詞彙或意象來思考 →斷捨離、飛特族、幹勁開關……	比庫存量

（W. Gordon）

比方說，想法都提出來後，隨機搭配組合即可得到獨一無二的構想。這時讓想法顛倒過來或輪動式結合的就是**矩陣圖法**。嘗試看看想像元素之間多樣組合的**情境法（Scenario graph）**，或將事先準備的關鍵字詞強制組合的**刺激字詞法**也會很有趣。

不論任何組合一定會找到某種關聯性。人腦具備**類推能力**，能將不同的事物連接在一起。這正是我們能創造的原因。

最初的一步　**追 求 數 量 不 求 品 質**

　　想要練就創意發想能力的朋友一開始應該做的就是，少廢話，總之就是扔出大量的點子。首先，請以比目前的數量多出一個零為目標。比方說，極限是十個的人，就以一百個為目標。

　　這麼一來自然必須跳脫思維的限制。不得不連一些細小的念頭都拾起，以增加具體性。正如俗話說：「槍法不準的人，多射幾次也會中」，漸漸就會靈光一閃想出點子了。

　　能夠想出一百個之後，進一步將它們組合起來、加點新意，試著再想出一百個吧！有困難的朋友，也可以利用像**奔馳法**那樣的切入點。就這樣不放棄地持續扔出想法。

　　動腦會議也一樣。會因為沒有定出目標數量（或定得太低）而討論不起來。切勿忘記點子是「**重量不重質**」。

奔馳法

相關技能　**提 高 個 人 和 組 織 的 創 意 發 想 能 力**

03 創造性思考　沒頭沒腦就要想點子也會不順利。掌握創造性思考的基本步驟，創意發想的技巧才會有用。

24 打造團隊　就算集合一群具有創意發想力的人，但如果無法發揮良好的團隊互動，也無法獲得團隊方面的好成績。

49 傳遞訊息　創意發想力不會一夕之間突然大增。就結果來看，多多輸出將會提高創意的品質。

05 解決問題
實現應有的樣貌

不管怎麼做問題依舊存在;以為已經解決的問題又冒出來;愈處理情況就愈糟。這種時候胡亂採取對策,狀況也不會改變。要從無止盡的打地鼠遊戲中脫身,有必要掌握解決問題的能力,循正確的步驟謀求問題的解決。

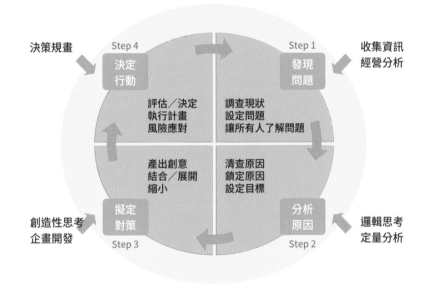

決策規畫　Step 4
決定行動

評估／決定
執行計畫
風險應對

收集資訊
經營分析　Step 1
發現問題

調查現狀
設定問題
讓所有人了解問題

產出創意
結合／展開
縮小

清查原因
鎖定原因
設定目標

創造性思考
企畫開發
擬定對策　Step 3

分析原因　Step 2
邏輯思考
定量分析

基本思維 ｜ 消 除 理 想 與 現 實 之 間 的 落 差

　　有個現實是,我們此刻活著。人類具有上進心,會希望狀況變得更好,因而提出理想和目標。並將現實(As Is)和理想(To Be)之間的差距視為**問題**。為了消弭差距而**將現實提升到與目標同樣水準的行為,就稱作解決問題(Gap Approach)**。

　　然而,想到什麼辦法就去做確實處理了問題,但並沒有解決問題。因此依循適當的步驟去解決變得很重要。

技能組合　**按部就班完成四個步驟**

發現問題　問題有三種類型。第一種是差距已暴露出來的**顯在型**問題。一般說到問題，指的就是這種類型。第二種是目前沒有差距，但將來可能出狀況的**潛在型**問題。第三種是現狀雖然令人滿意，但還想追求更高的水準而刻意設定問題的**理想追求型**。

不論何種類型，問題如果設定不當，會變得不清楚自己在做什麼。既然如此，希望各位能洞悉事物的本質，同時找出內含全新觀點且靠自己團隊就能解決的問題（安宅和人）。

此外，如果是多人一起解決問題，一定要徹底確認彼此對問題的認知是否一致。否則容易變成雞同鴨講。

解決問題　理想

差距＝問題

①本質性
②嶄新的觀點
③可解決

現實

分析原因　只看見問題的表面，頭痛醫頭、腳痛醫腳的話，就無法徹底解決問題，導致同樣的狀況一再出現。

因此，必須查明引發問題的真正原因，予以根除才行。為此要依照問題的狀況，靈活運用**五個為什麼**（P195）、**邏輯樹**（P26）、**關係圖**（P195）等分析原因的工具。此外，還要逐步縮小應當重點處理的要因範圍。

我希望各位在這個階段能善用**假設思考**。如果要調查所有因素，時間再多也不夠。建立假設，如「OO是不是真正的原因？」，準確地驗證，可大幅節省時間和精力。取數值資料進行調查的**定量分析**對正確驗證必不可少。

擬定對策　就算查明真正的原因，如果想不出有效的對策依然不能解決問題。這完全取決於構想的良窳。這時就是**創造性思考**和**創意發想**發揮功用的時候。

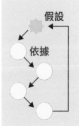

網羅式思考　假設思考

結論　假設

小結論　依據

依據

這裡最多人使用的方法是A. Osborn的**腦力激盪法**。即一群人遵循四原則自由提出自己的想法。另外還有各種各樣的技法和架構,按照主題正確使用的話,想法就能有效地擴展開來。

想出的點子可以說不過是塊尚未加工的礦石。要經過發展、整理、統合、篩選,逐漸打磨成可實行的解決方案。要能產出好點子,構思的環境和團隊氣氛也很重要。當個人的創造力和團體的**相互作用**發揮到極致,就會產生創新的構想。

嚴禁批評 Defer judgement	
自由奔放 Encourage wild ideas	
重量不重質 Go for quantity	
歡迎搭便車 Build on the ideas of others	

決定行動 最後一步是選擇最佳解決方案。只依據新不新穎或好不好看做選擇,可會得不償失。希望各位要選擇花最小成本、發揮最大功效的方案。**收益矩陣**(P46)和**決策矩陣**(P46)等決策工具會很有幫助。

選定了解決方案,就要發展成具體計畫,否則沒有人會採取行動。「誰」要「做什麼」、「做多久」要具體寫成**行動方案**,以免雷聲大、雨點小。若能預先想好意料外的情況發生時的**風險回避對策**,就能從容應對。解決問題的四步驟不是做一次就沒事了。因為只要你堅持理想,就不斷會有新的問題出現。要一邊重複進行**管理循環**一邊持續解決問題。這就是工作的本質。

行動方案		
Who	What	When
吉田	製作社長 簡報資料	9/25
木村	整理 今天的討論	明天下午五點
佐藤	調查重度 使用者的實態	10/17
小林	處理上週 的客訴	現在馬上!
高橋	研究 B 案 的發展性	11 月上旬
渡邊	下次檢討會 的議程	週五

查 明 真 正 的 問 題

　　我們每天的生活就是連續不斷的解決問題，應該沒有人不會解決問題。然而，我猜絕大多數人恐怕都沒有按照解決問題的步驟走，而是照著想到的辦法來頭痛醫頭、腳痛醫腳。我稱它為 飛撲病 。首先必須從擺脫這種毛病做起。

　　假使發覺好像有問題，要仔細斟酌：「這真的是應當解決的問題嗎？」就算真的是也不要立刻就動腦想辦法，而是想一想「它到底是什麼問題」。我希望各位養成這樣的習慣。問題解決得好或不好，取決於能否正確地掌握問題。

將 多 種 思 考 法 結 合 運 用

01 邏輯思考　步驟②分析原因和步驟④決定行動都需要以合乎邏輯的方式思考。以邏輯樹為代表的各種邏輯思考工具在解決問題方面尤其能發揮威力。

03 創造性思考　步驟①發現問題和步驟③擬定對策需要創造性思考。創意發想的原理和工具會對解決問題做出貢獻。

10 定量分析　步驟①發現問題和步驟②分析原因若沒有結合定量分析，有可能推導出錯誤的結論。

06 決策
推斷出最佳的一步

判斷稍有差錯，有時會招致無可挽回的局面。我也經常看到有人做了勇敢的決定卻無人跟進的情景。決策能力對於避免這樣的失敗必不可少。正因為我們身處在一個不透明且不確定的時代，做決策的方法更是受到考驗。

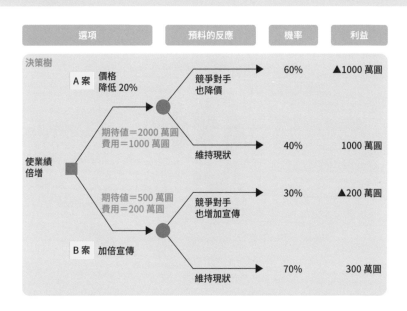

選項	預料的反應	機率	利益

決策樹

A案 價格降低 20%
　　競爭對手也降價　60%　▲1000 萬圓
　　維持現狀　40%　1000 萬圓

期待值＝2000 萬圓
費用＝1000 萬圓

使業績倍增

期待值＝500 萬圓
費用＝200 萬圓

B案 加倍宣傳
　　競爭對手也增加宣傳　30%　▲200 萬圓
　　維持現狀　70%　300 萬圓

基本思維　　**選擇應當採取的行動**

　　選出一個最佳答案，以便達成目標就是**決策**。從每天在第一線做判斷，到決定公司的中長期策略，商業經營就是靠著一個個環環相扣的決策維持運作的。其成敗決定了企業的績效。

　　我們必須在有限的資訊中迅速做決定，穩健地採取行動。而如何能在**有限理性**的情況下做出合理且令人滿意的決策，便成了商業經營的一大課題。

技能組合 | **按照合理的步驟做判斷**

設定目標　無論做任何決策，都是希望透過做決定並採取行動來獲得一些東西。不釐清**目標**的話，會不知道該朝什麼方向思考。沒有決定性因素可以做為判斷依據，事後也無法評價決策的品質。首先要決定目標，如「使業績倍增」，決策的程序便始於此。

話雖如此，但並不表示任何方法都可使用。一定會附帶**條件限制**，例如：「一年以內」、「預算十億日圓以內」。若不一開始就設定好，就容易白費力氣。

為實現目標（**目的**），找出能夠同時符合目標和限制條件的最佳解答，即是所謂的決策。尤其是在組織做決策方面，忽略一開始的核對、形成共識，恐怕會眾說紛紜無法定奪。

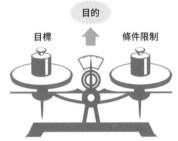

設定標準　目標明確之後，要先設定**評價的標準**，即判斷時要以什麼為重。因為先有選項再設定標準的話，為了讓自己中意的方案有優勢，會有任意設定標準的危險。

基本上，依據可獲得的效用（營業額、滿意度等）多寡決定是合理的做法。在**期望效用理論**中是用期望收益和期望機率計算出它。標準不限一個，通常會依據數個標準一起評估。

不過，人並非總是理性地思考事情。組織一直以來珍視的價值，如「創業精神」、「行動方針」等，有時也會成為標準。偶爾，「合不合？」、「有沒有被打動？」這類情感面的考量，對於讓組織動起來也很重要。必須留意，不要單憑合理性就硬幹到底。

提取出選項　列出可以達成目標的**選項**有各種方法。比方說，利用**如何**

樹，即可一個不漏地列出所有選項。或者，也可以利用**腦力激盪**，自由拋出選項。要使用何種方法，視主題和狀況而定。

此階段重要的是暫時不做評價和判斷。因為如果你提前這麼做，將無法獲得足夠的選項。

無論如何要提供一定程度的選項，否則無從選擇。不過選項太多的話，之後會很難評估。這種情況利用**複選**等的方式先進行初步篩選，接下來的作業就會很輕鬆。

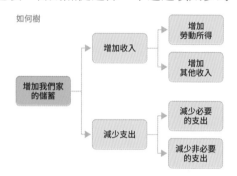

如何樹

增加我們家的儲蓄
→ 增加收入
　→ 增加勞動所得
　→ 增加其他收入
→ 減少支出
　→ 減少必要的支出
　→ 減少非必要的支出

評估選項 如果評價標準比較少，利用**收益矩陣**等的工具，就可以輕易選出一個以最少投資獲得最大效用的選項。想再做一點定量評估時，採用**決策樹**是上策。

而當評價標準很多樣時，**決策矩陣**就很好用。評價標準的權重是關鍵，最佳選項會因它而異。

一般而言，採用綜合評價高的選項是合理的。也可以刻意不這麼做。選項的評估不過是讓判斷有所依據。最後還是只能依自己的意思做決定。

收益矩陣

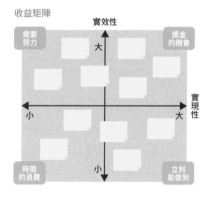

決策矩陣

加重	效果 ×3	實現性 ×2	新增 ×2	親和度 ×1	風險 ×1	合計
方案A	6	6	6	6	6	54
方案B	10	5	1	1	5	48
方案C	1	10	1	8	10	43
方案D	3	1	10	8	6	45
方案E	3	3	5	10	3	38

最初的一步　養成正確的習慣

決策的四個步驟看似普通，但能做到的人出乎意料地少。大半的人一到必須有所決定時就會立刻開始想點子。而且想到一個點子便不願再繼續想。只看它的好壞決定採用與否。

透過與其他選項做比較可進行多面向的評估，提高決策的品質。也會心生認同，因為是依自己的意思做的選擇。讓我們先養成想出多個選項的習慣吧！務必準備其他**方案**。

此外，我還希望各位養成定出標準再做判斷的習慣。否則會被直覺和感覺帶著走，無法做出理性的決定。

尤其是組織在做決策時，先定標準再提選項很重要。公司開會很難有結論就是因為沒有先定出如何做決定。當事情決定不了，先討論要如何做決定會是最快的方法。

相關技能　用決策推動組織前進

01 邏輯思考　不希望決策失敗，邏輯思考便很重要。即使做出非理性的決定，也要根據邏輯進行判斷，否則只是不考慮後果的賭博。誰也不願跟隨。

19 引導　組織做決策多半會先經過討論，因此主持會議的引導技巧掌握了關鍵。

21 管理　每天在工作中運用決策技巧做判斷，就能輕鬆進行管理。對打造自主管理的團隊也很有用。

擬定策略

思考如何能取勝

常常聽到職場人抱怨：「我們公司沒有策略。」然而當我問：「策略是什麼？」的時候，他們卻無法清楚說明。如果再追問：「那你自己有怎樣的策略呢？」就愈發不知如何回答。這樣的企業和個人能夠存活嗎？

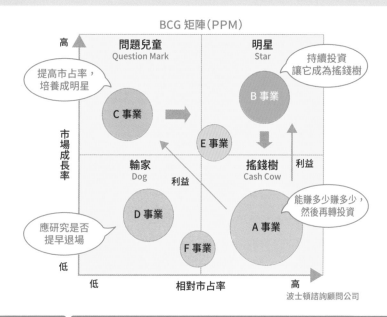

BCG 矩陣（PPM）

高

問題兒童 Question Mark

提高市占率，培養成明星

C 事業

明星 Star

持續投資讓它成為搖錢樹

B 事業

E 事業

市場成長率

輸家 Dog

利益

搖錢樹 Cash Cow

利益

能賺多少賺多少，然後再轉投資

D 事業

應研究是否提早退場

F 事業

A 事業

低

低   相對市占率   高

波士頓諮詢顧問公司

基本思維　　弄清楚如何選擇與集中

　　簡單說，**策略**就是決定「戰場在哪裡」。將手中握有的資源有效利用到極致以搶占先機，即是策略的要訣。為此必須弄清楚要如何**選擇與集中**。

　　企業為實現已揭櫫的願景會制定企業策略、經營策略、競爭策略等各種策略，再發展個別的戰術和計畫。提出有效且可實現的策略是商業活動的起點。

技能組合　靈活運用策略架構

外部分析　有句話說：「知己知彼，百戰百勝」（孫子）。了解商業環境和競爭對手的動態是擬定策略的第一步。

比方說，**PEST分析**是以政治（Politics）、經濟（Economics）、社會（Society）、科技（Technology）四個面向去分析企業所處的外在環境。另一方面，**5F**（P26）是從新加入者的威脅、替代品的威脅、供應商的議價能力、買方的議價能力、同業之間的競爭五種觀點，分析業界的結構和市場吸引人的程度。

清查出的外部因素中混雜了機會（Chance）和威脅（Risk）、應重視和不必重視的因素。使用**風險評估地圖**，以不確定性和衝擊（影響性）的大小來評估這些因素，就會清楚接下來該做什麼。

P 政治	E 經濟
・政策著重在防災和社會福利 ・為增加稅收而增稅 ・修憲成為全國性辯論 ・有益成長策略的法規鬆綁 ・削減公務員和議員的人數 ・地方自治和居民參與的進展	・擺脫衰退走向成長 ・維持穩定的物價 ・儲蓄持續維低落 ・修正日圓極端的升值 貶值 ・金融機構全球性的汰換 ・企業設備投資回升趨勢

S 社會	T 科技
・人口減少和超高齡化社會 ・都市回歸趨勢和地方人口減少 ・追求安全和安心的國民心理 ・青年失業率上升的趨勢 ・順應國際化的學校教育 ・女性的社會參與和未婚率上升	・人型機器人商品化 ・電動車的成本下降 ・天然能源的推廣 ・磁浮列車實用化 ・行動支付更加便利

內部分析　不論你找到多少獲勝的機會，如果缺乏作戰的資源和運用資源的能力，便無法在競爭中勝出。客觀地分析我們擁有的資源，有什麼樣的優勢和劣勢，是擬定策略必不可少的一環。

J. Barney的**VRIO**是從四個面向分析企業擁有的經營資源及其運用能力。使用經濟價值（Value）、稀有性（Rarity）、模仿困難度（Inimitability）、組織（Organization）進行評估。

7S（P26）則是以策略（Strategy）、組織結構（Structure）、制度（System）、價值觀（Shared Value）、能力（Skill）、人才（Staff）、文化（Style）的觀點進行研究。從多面向去分析優勢和劣勢，對思考要發展哪一塊讓它具有**競爭優勢**是不可或缺的作業。

經濟價值 Value	・用那項資源可以抓住機會嗎？ ・用那項資源能消除威脅嗎？
稀有性 Rarity	・擁有、充分利用資源的企業很少嗎？ ・資源控制在少數手中？
模仿困難度 Inimitability	・取得資源需花費很大的成本？ ・如果持有資源，成本方面會居於劣勢？
組織 Organization	・是否有效利用資源的機制和規則？ ・組織已建置完備，能有效利用資源？

策略定位　外部環境和內部環境的分析完成的話，必須兩相對照進行**策略定位**，也就是選定戰場。

比方說，假如志在成為業界的領頭羊，應該採取**成本領導策略**；假如追求與眾不同，那就採取**差異化策略**。除此之外，還要明確定出各個戰場要以什麼作武器、如何作戰。

重點是要將資源集中在勝券在握的項目，其餘的就勇敢地捨棄。**BCG矩陣**（P48）會是思考這類選擇與集中的好工具。

策略架構　企管學者和管理顧問公司提出許多在思考策略上的**架構**。除了前面介紹的之外，我要再舉幾個應該學習的架構。

一是在目前的事業基礎上思考企業多角化經營時所採用的**成長（事業擴大）矩陣**。**價值鏈**則是用來分析組織活動中真正有價值的部分。稍顯不同的是，提倡強者和弱者間的最佳作戰方法的蘭徹斯特法則。要如何運用這些架構中隱含的智慧取決於我們自己。

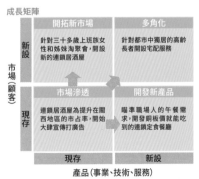

　思 考 自 家 公 司 的 優 勢 和 劣 勢

　　想要掌握擬定策略能力的人，最先應當記住的架構，就是A.Humphrey的**SWOT**分析法。它是一種使用方便且能制定出有效策略的優異工具。建議各位先嘗試以自家公司或自己為題材分析看看。

　　一開始先列舉自家公司擁有的資源中的優點（長處）和弱點（課題），及公司所處外部環境中的機會（順風）和威脅（逆風）。接著將優點 × 機會、優點 × 威脅、弱點 × 機會、弱點 × 威脅，分別思考該採取什麼樣的措施。我們稱它為**SWOT分析法**。

　　重點是不要用刻板印象簡單地判別優點和弱點等。比方說，當我們原以為的弱點成功轉化為優點時，東山再起的策略便誕生。什麼是優點（機會）、什麼是弱點（威脅）不能一概而論，要看自己如何定義它們。這正是擬定策略奧妙之處。

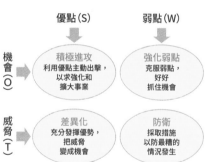

　提 高 策 略 執 行 力

06 決策　不管你擬定了多麼傑出的策略，除非獲得組織內部採用，否則一步也前進不了。這需要能順利做出策略性決策的技能。

09 企業會計　分析自家公司和競爭對手不能缺少企業會計的觀點。制定好的策略若沒有財務上的支持，就只是紙上談兵。

21 管理　策略是否取得成果端看執行面。為免策略失敗，必須將它反映在戰術和計畫上，管理進度才行。最後就要看組織能否團結一致。

08 市場行銷
設計出暢銷的機制

> 東西不好賣、不受歡迎、顧客三三兩兩。在一個成熟的社會裡，市場行銷只會變得愈來愈重要。這不僅限於商品和服務。我們如今所處的時代，若無法好好行銷自己，便會難以為繼，更不用說是企業和團體了。

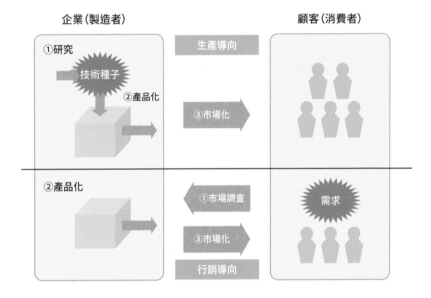

基本思維 　從顧客的需求創造出價值

　　創造市場的綜合性活動即是**行銷**。其牽涉的層面很廣，具體來說有市場調查、商品開發、廣告宣傳、促銷、通路政策、建立品牌、顧客管理等。

　　一般認為行銷的最終目標是「讓推銷變得沒有必要」。創造顧客主動上門購買的狀態就是行銷。進入網路社會後，行銷手法便會不斷推陳出新。

　創 造 新 市 場

市場調查 　**行銷**始於市場調查。進行宏觀的環境分析，會使用包括
3C[顧客（Customer）、競爭（Competitor）、公司（Company）]在內的**策
略架構**。分析業界結構，充分理解自己和他人的優勢、劣勢，思考勝算
在哪裡。

另一方面，微觀的市場調查是透過對顧客進行意見調查、團體訪
談、田野調查等，探索顧客的需求（欲
望）和追求的價值（意義）。需要做定量
和定性雙方面的調查、分析才能正確掌
握。透過這兩項分析找出「行銷機會在
哪裡？」就是市場調查的目的。

定位 　接著是根據調查結果思考如
何掌握市場。第一步就是根據顧客及其特點做**市場區隔**。

過程中要確定目標區域——要挑戰的市場。這必須考慮自家公司的
資源和外部環境。

此外，要思考自己在**目標市場**的定位，以能與其他公司競爭和做出
區隔。在產品和服務上謀求差異化，追求其他公司模仿不來、獨一無二
的地位。這些統稱為**STP**。其結果將決定你要挑戰的是**藍海或是紅海市
場**。

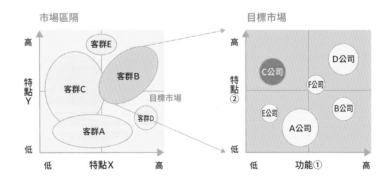

行銷組合　作戰布局一旦確定，為了實際執行，要將它體現在**行銷組合**上。即具備顧客期望的價值的產品（Product）、適合顧客和通路的價格（Price）、能將商品及時送達的通路（Place）、提高購買意願的促銷活動（Promotion）**4P**。　這將是展現你的拿手本事之處。

4P是站在賣方的角度，以買方的角度去思考（**4C**）也很重要。必須兩相對照研究對策才可以。一旦決定對策，就要制定詳細的**行銷計畫**，以能採取行動。

E. McCarthy、R.Lauterborn

產品管理　維繫創造出的市場和顧客也屬於行銷的範疇。**產品有生命周期**：導入期、成長期、成熟期、衰退期。顧客和競爭的情況會隨著時期而變化。若沒有適當地轉換措施，好不容易建立的市場將被人奪走。

另外一個必須思考的是**建立品牌**——品牌的開發、維護和發展。若能打造出強勢品牌，即可在中長期內保持優勢。具體來說就是靈活運用擴大產品線、多品牌、品牌延伸、新品牌四種策略。必須與企業整體的品牌策略連接起來，全面展開才行。

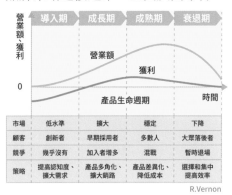

R.Vernon

最初的一步　分 析 其 他 公 司 採 行 的 措 施

　　為了掌握行銷技能，我建議各位要試著從行銷的觀點去分析現有的商品和服務。

　　首先，挑選自己喜歡的食品、日用品作為題材。實地考察或透過網路調查，匯整成被稱為**行銷地圖**的一覽表。然後比較各個項目，想像**行銷人員的意圖**。

　　想更深入挖掘的朋友，要設定一位虛構的顧客（**使用者模型**）。把這人從認識商品到購買的**歷程**（行動、思考、情感等）匯整成**顧客旅程地圖**。我們常常可以從那地圖看出該使用怎樣的招數，並發現目前的措施要改善之處。無論何種方法，都對訓練行銷技巧有很大的幫助。

行銷地圖　　　　　　　　　　顧客旅程地圖

相 關 技 能　　撼 動 顧 客 的 心

03 創造性思考　行銷是一種打動顧客心理的活動。只是高舉邏輯的大旗並不會有好結果。無論是要創造新的市場，或是讓對手出其不意，都必須充分運用創造性思考。

10 定量分析　在行銷上感性固然重要，但過度依賴的話會被人趁虛而入。讓感性和理性均衡地運作至關重要。

46 文書設計　為了傳遞訊息，一定要製作簡報資料和廣告傳單等的文件。除了內容，設計也能起作用。

09 企業會計
管理資金

在日本，節儉、機靈、計算過去一直被視為經商的祕訣。資金管理構成了商業活動的主幹。自己任職的公司目前處於怎樣的狀況？今後要往來的公司真的值得信賴嗎？如果掌握企業會計技能，你就能夠妥當地判斷。

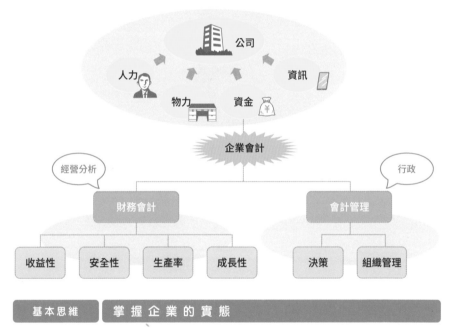

基本思維　掌握企業的實態

為了妥當判斷公司財務面的健康狀態進行管理以改善狀況，需要**企業會計**（Accounting）。這不僅是和財務有關人員，而是所有職場人都應當具備的基本能力。

企業會計分為兩大部分。主要用於經營分析的**財務會計**，做法已被公式化；而用於組織管理的**行政會計**，不同的公司有時會有不同的做法。將兩者結合以管理公司。

技能組合　活用兩種會計

財務會計　財務分析對充分理解自己公司的經營狀態，找出應改善的問題很有幫助。並會成為投資決策和與其他公司進行交易時的判斷依據。

做分析的最佳線索就是財務報表（財務三表）。一是匯總公司財政狀態的**資產負債表**（B/S）。它是指出企業在某個時間點的資產、負債和資本狀況，顯現企業股票的狀態。

相對於此的是顯現流動狀態的**損益表**（P/L）。即從營業總額等的收入扣除所花的費用，計算出獲利或虧損。可以知道一定期間內賺了多少。

第三種很有用的是**現金流量表**（C/F）。可以知道公司有多少現金，又是如何流動的。要將這三份報表互相比對，以全面掌握實際狀態。

收益性和生產率　要進一步詳細分析經營狀態就會使用**比率分析法**。首先，利用**總資產報酬率**（ROA）來衡量投入多少資金產生多少利益。可說是顯現企業**綜合實力**的數字。

其次是**收益性**，也就是透過**淨利率**來掌握公司能創造多少**收益**。此外，再利用**總資產周轉率**的各種指標衡量**生產率**——有效運用公司資金

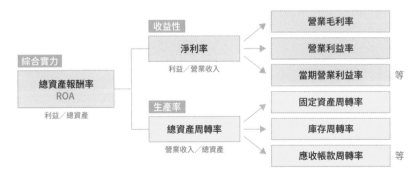

到什麼程度。

安全性和成長性　不管帳面盈餘多高，只要資金周轉不過來，企業就會破產。因此使用流動比率、固定比率、自有資本比率等的指標分析經營的安全性就很重要。

另一個很重要的是企業的成長性。即使用營業成長率和總資產成長率等，來衡量營業收入和資產在一定期間內增加多少。

一般認為，收益性、生產率、安全性、成長性四者最好能取得平衡，才能發揮較高的綜合實力。用這四個觀點進行分析，對探究綜合實力低落的原因很有

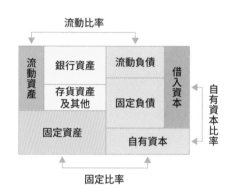

幫助。可以發現財務面上的優勢和劣勢，同時能在擬定策略上發揮作用。

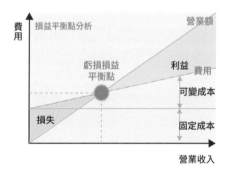

最初的一步　**分 析 自 家 公 司 的 實 態**

　　無論如何，如果不能正確看懂財務報表，便無法練就企業會計的技能。為此，自家公司的財務報表會是很好的材料。

　　一開始先從單一年度的決算來掌握公司目前的狀況。學會這個之後，就追蹤多個年度，找出財務狀況的變化和趨勢。然後再與同業其他公司做比較，就會知道自己公司的優勢和劣勢。和不同業界的企業就業務結構進行比較的話，將加深自己對正在從事的工作的理解。

　　財務報表就只是一堆數字的排列，如果不感興趣看起來會很痛苦。這樣的人開始玩股票的話，也許就會產生興趣。

資產負債表　　　　　　　　　　　　　（百萬圓）

資產		負債	
流動資產	32,823	流動負債	50,716
現金存款	11,550	應付票據	304
應收票據	568	應付帳款	42,255
應收帳款	11,550	短期借款	8,157
有價證券	2,568	固定負債	9,497
存貨資產	6,587	長期借款	931
固定資產	68,180	公司債	8,566
土地	33,778	**淨資產**	
建物	25,679	資本	39,118
設備和備用品	8,723	盈餘	772
合計	101,003	合計	100,103

損益表　　　　　　　　　　（百萬圓）

總營業額	714,285
營業成本	498,237
營業毛利	216,048
銷售費／一般管理費	172,269
營業利益	43,779
業外收支	6,542
經常利益	50,321
特別收支	（9,365）
稅前當期淨利	40,956
法人稅等	22,365
當期淨利益	18,591

相關技能　**從 財 務 的 角 度 看 事 情**

06 決策　小至包含預算和成本在內的日常管理，大到新事業、合併與收購這類的策略判斷。企業會計的知識和技能對各種商業決策至關重要。

07 擬定策略　擬定策略要從了解自己和競爭對手的優勢和劣勢開始。如果從財務的角度去分析，就會得到思考策略的重要材料。

10 定量分析　定量分析的技術對更深入分析財務狀況和管理各個組織不可或缺。

10 定量分析
使用數據來釐清

走到世界任何角落，邏輯和數字都管用。只要用數值資料掌握事情的實態和本質，就能做出合理的判斷。如果有數值資料，對他人的說服力也會大增。定量分析的技術對於掌控商業這種難以捉摸的事物不可或缺。

	定量分析	定性分析
特徵	使用數值資料進行量的分析和驗證	使用語言文字和圖像進行質的分析和驗證
好處	・能排除主觀，進行客觀且科學的分析 ・證據明確，具有說服力 ・穩定性或再現性高，容易驗證	・可處理無法數值化的現象 ・平易近人，易於用直覺的方式理解 ・適合掌握整個概要
壞處	・只能根據舊的資訊進行分析 ・一旦注意力被數字吸引過去就很難做長遠的考慮 ・有些人會給人冷冰冰的感覺，不好相處	・客觀性差，判斷有分歧之虞 ・沒有明確的證據，缺乏決定性因素 ・解釋出現差異，可能難以達成共識

基本思維　分析數值資料

定量分析就是用數值資料進行**量的分析**。比方說，為探究顧客的心理，總計問卷調查的回答以算出滿意度。另一方面，**定性分析**則是透過訪談收集無法轉換成數字的真實聲音。

盲目地收集資料進行統計，並不會成為有效的定量分析。有一般常用的管理指標，最好先從掌握這些指標開始。我將依業務種類列舉幾個具代表性的指標。

技能組合　　掌握 KPI（關鍵績效指標）

經營、人事　　企業會計中介紹的各種指標，如淨利率、總資產周轉率等，對定量掌握公司狀況和經營決策非常有用。首先要記住這些指標，並徹底靈活運用。

另外還有各式各樣的指標有助於做管理決策，如代表企業價值的**股票市值**和**附加價值**；顯示未來性的**自由現金流量**；在投資決策方面有**NPV**（淨現值）等。也會需要**決策樹**、**決策矩陣**、**敏感度分析**這一類定量決策手法。

另一方面，在人事和勞務類的工作中，經常被人用來掌握工作人員實際狀況的指標有**年齡結構**、**平均工資**、**平均勞動時間**、**正職人員比率**、**離職率**等。此外，為考慮有效地運用人力資源，還會根據人事費比率、勞動生產率、勞動分配率、管理人員比率等，研究有效的改善措施。

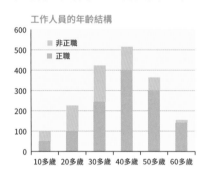

工作人員的年齡結構

不過，僅憑定量分析就要推動人事措施很危險。無庸贅言，應該要從質和量雙方面去進行評估。

研究、開發　　作為顯示企業研發能力的指標，**研發費用率**廣泛為人使用。另外一個經常使用的是**專利申請（註冊）數量**。若能檢查其隨著時間推移發生的變化，或是與其他同業做比較，透過這兩種指標都能客觀地掌握創造新產品的能力。

另一方面，為了解研究開發的效率，調查產品**平均營業額**、**新產品比率**、**平均開發期間**等是慣用的方法。研究開發是難以透過量化掌握的工作之一。一個不小心就會變成黑箱，不知裡面在搞什麼名堂。為免它淪為不可侵犯的聖地，不能放棄將工作量化的努力。

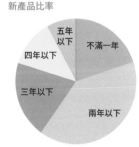

新產品比率

銷售、行銷　　這個領域最重要的指標就

是**市場占有率**（市占率）。如果不斷變換計量市占率的範圍，如地區、商品類別、顧客、商店等，就會看見不同的現實。**價格彈性**也是定量分析經常採用的指標。它會是決定和改變產品價格上的判斷材料。

　　要看銷售效率，有**銷售費用率、銷售員人均銷售額、購買率、顧客平均購買金額**等的指標。

　　使用**ABC分析法**即可將產品、銷售點和銷售員作有效率地運用。如果要看促銷措施的效果，想知道**認識率、回應率**、商品動態的話，**商品周轉率和損耗率**會很有用。

　　銷售類的工作很容易動不動就依賴直覺或感覺。若有量化數據支持對策，判斷的可信度就會提高。

彈性價格

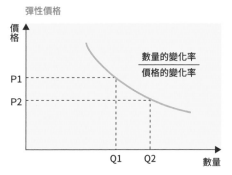

ABC分析法

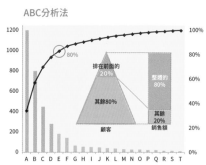

　　生產、物流　　**成品率**（良率）、**成本、達標率**等，是掌握品質（Q）、成本（C）、交貨期限（D）等製造基礎的重要指標。**周期時間**和**下訂到交貨的時間**等數值也不可忽略。

　　管理庫存會使用**庫存天數、庫存周轉率**等的指標。如果要了解**設備的狀況**就使用設備利用率，要掌握運送的生產力就使用**運行效率**，是一般的做法。

　　這個領域還會使用許多其他的指標，對提升生產力的活動，如**品質管制**等至關重要。而且並非光把工作數值化就可以了，重點是要能簡單易懂的**可視化**。

成品率

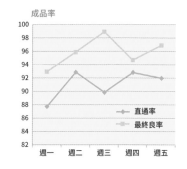

最初的一步 逐 步 進 行 量 化

　　不敢去碰定量分析或感到抗拒的人，我猜可能是對量化本身不擅長。為了養成用數字思考的習慣，不妨從量化自己的行動去體驗它的好處開始。

　　比如，假設你決心要學會一項新的技能。第一步就是每天判斷自己是否為此「做了/ 沒做」什麼。這是最簡單的量化。能做到這一點之後，接著要記錄「做到什麼程度」，像是「做了很多（◎）」、「沒有做（X）」之類的。

　　這一點也做到的話，就要開始進行數值化。或是測量花在提升技能的時間，或是數一數讀了多少頁的書，想一想自己的量化方法。就這樣，若能從自己熟悉的事物開始，養成透過量化思考事情的習慣，定量分析的難度肯定會降低。

Step1

二選一

做了？
沒做？

Yes!

Step2

程度化

做到
什麼程度？

◎○△X・・・

Step3

數字化

做了
多少量？

閱讀三十
分鐘・・・

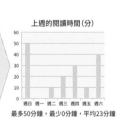

上週的閱讀時間(分)

最多50分鐘，最少0分鐘，平均23分鐘

相關技能 在 工 作 上 有 效 運 用 定 量 分 析

01 邏輯思考　和定量分析一樣重要的是使用語言文字描述的定性分析。想法若不合道理，便推導不出適當的結論。

21 管理　我們在管理日常的工作和下屬時，往往免不了會依賴經驗和感覺。即使工作還算順利，但業務不會自動改善。利用定量分析來提高工作效率非常重要。

35 活用數據　統計技能是定量分析的基礎。要更深入調查、驗證假設，都少不了數據分析。是作為職場人最低限度應該具備的技能。

假設思考

假設思考對於應用**邏輯思考**來解決問題必不可少。是一種根據所需最低限度的資訊建立假設，然後依照假設精確地進行調查，並反覆驗證和修正假設，以找出解決方案的方法。

假設思考是否有效，取決於能否提出切中要害的假設。藉由重複問「為何如此？」（Why so？）和「所以呢？」（So what？）探究問題的本質，同時尋找帶有全新觀點的假設。

事情很少會照著最初的假設發展。透過排除**偏見**、鍥而不捨地思考「事情為何沒有按照預期進行」，會讓假設更加縝密。

設計思考

設計思考是找出使用者潛在的根本性需求，並試圖用全新的方法解決問題。其特色在於設計體驗，而不只是設計物品。現在已被利用來作為一種**創新**的手法。

d.school*的做法，是透過五個步驟來進行探究：①同理顧客（Empathize）；②定義問題（Define）；③發想創意（Ideate）；④試做原型（Prototype）；⑤在市場進行測試（Test）。

設計思考使用的技巧和工具與**創造性思考**並無二致。其精髓在於從使用者角度和解決取向重新設計它們。

業務開發

啟動新的業務或更新現有業務即是**業務開發**。需要的技能各種各樣，如擬定策略、行銷、企業會計等，必須動用全部職場技能才行。

特別要具備的是**商業模式**方面的技能，也就是設計能賺錢的機制。要先熟悉商業模式中的典型模式，然後一邊運用擬定策略的架構，一邊用新的構想去思考。

業務開發還有一樣東西不可或缺，就是**合作**（聯盟）。從挑選合作夥伴到創造協同效應，有許多應當研究的課題。

*指美國史丹佛大學工程學院附屬的設計學院。

第 **3** 章

有助於與人良好互動的
人際類能力

建立關係，加強合作

溝通被視為最重要的能力

學生和社會人士最大的不同在於，你是獨自完成被交付的任務還是和大家一起完成。不管能力有多強，如果無法跟大家一起合作共事，在職場是不會受歡迎的。為此不可缺少的是，協調彼此的想法和行動。

實際上，我們的工作一半以上的時間很可能都花在溝通上，如電子郵件、講電話、開會等。如果再加上資料的製作、傳閱等透過書面的交流，比率會更高。

近年來企業將溝通能力視為首要能力說起來也是理所當然。反過來也可以說，員工之間的溝通已不若以往。

人際類能力的特點就是一個人的話無法施展，一定要有對象。而不管你鍛鍊得再好都無法控制對方。溝通是雙方共同努力一起完成的作業。

這麼做不僅能讓工作順利進行，也能幫助對方或團隊發揮實力。並且有助於建立良好的人際關係，增加工作的樂趣。人際類能力是人類作為群居動物的基礎，在工作以外也大有用處。

巧妙應用基本技巧的人際類技能

接下來我要介紹十種人際類技能。所有技能都奠基於「聽」、「說」這一類的人際溝通技巧上。它是學習其他九項技能的基礎。

讓它更加完善的是從旁輔導。主要用於引出對方的想法，支援目標的達成。

相反的，明確主張則是堅定地傳達自己的想法。如果加上怒氣管理一起學會的話，可就如虎添翼。而最適合應用這些技巧的就是客訴處理。

　　如果要傳達的對象增多，或是要在正式場合表達自己的觀點，就是**簡報技巧**大顯身手的時候。而一定要讓別人接受你的想法時，**說服**的能力就變得很重要。

　　如果別人也同樣在說服你，就要以達成雙方都滿意的協議為目標不斷**談判**。如果是很多人一起討論，指揮討論進行的**催化引導**便至關重要。

　　另外，不能忘了還有透過書面語的溝通。如今，線上工作增加，**寫作能力**只會愈來愈重要。

　　這些技能有許多重疊的部分，只要掌握一樣就能應用到其他地方。選定一個目標集中火力訓練，是學會技能最快的方法。累積各種各樣的經驗（次數），獲得適合自己的風格也很重要。

11

人際溝通
穩健確實地傳達訊息

許多人都在為溝通所苦,以至於幾乎沒有人不希望與他人有更多的互相了解。也有人認為這與性格或個性有強烈的關係,「無法輕易改變」而放棄。正因如此,更需要好好學習溝通技巧,一步一腳印地練習。

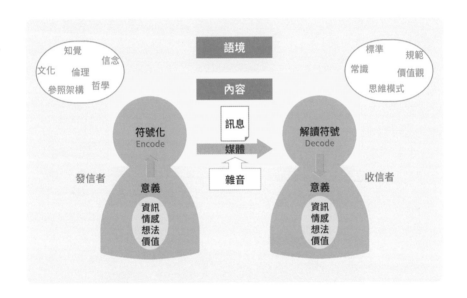

基本思維 | **交流所思所想**

　　資訊、情感、想法、價值等的互相交流就是溝通。如果最後能互相分享彼此腦中或心中所思所想,那溝通就是成功的。因為其目的就是理解和同理。

　　溝通與共同的目標、貢獻的意願並列為組織的三要素。嘗試透過溝通來互相理解、調整彼此的行為即是組織活動的本質。可說是構成商業活動基礎的行為。

技能組合　**雙向交流**

傳達　商業活動中的溝通，是以口語的交流為主。為了將訊息傳達給對方，最需要的是淺顯易懂的表達能力。必須注意的是，溝通對象不必具備同樣的背景。有時**語境**（脈絡）也很重要。不慎省略的話，可能會造成誤解。

　　不過，對方會試圖讀懂言語以外的訊息。**表情、視線、態度、音量大小、講話方式**等一旦釋出和言語不一樣的訊息，對方會認為那才是實話（**麥拉賓法則**）。因此，除了說什麼，怎麼說也很重要。也必須掌握有效利用非語言訊息的技能。

A.Mehrabian

接收　溝通不僅僅是單方面地傳達，還要正確地理解對方的話。聆聽也有許多方法，必須能依情況使用正確的方法。其中，**積極側耳傾聽**尤其重要。它是豐富多樣溝通技巧的核心。

　　對方會根據反應判斷你是否有認真聽。如果能給對方一些**反應**，如**隨聲附和、摘要、點頭**，對方便感覺「**獲得認可**」，於是有勇氣說得更多。

　　發問也是一個好方法。因為會傳達出你對對方的話感興趣或關心。問題問得好，還會突然聽到意想不到的真心話，或一下子加深談話的深度。發問除了能引出資訊，同時也是引導溝通的焦點和方向必不可少的技能。

領會　假設互相交流的內容（Contents）是冰山露出水面的部分，那麼內心和整個現場發生的事情就隱藏在水面之下。我們稱它為**內在歷程**。如果不理解這部分，不算是真正的溝通。也就是一般所

說的「察言觀色」。

　　為此，我們要用蟲之眼，近距離、多角度地<u>觀察</u>每個人釋放出的非<u>語言訊息</u>，如目光的移動和講話方式等。只要知道誰對誰做出怎樣的反應，就能理解彼此的關係。此外，還要用鳥之眼，以宏觀的視角捕捉現場大概的氣氛和熱度等。只要知道什麼原因促使改變發生，就能掌握現場正在上演一齣怎樣的人性劇碼。

觀察的重點

①現場的氣氛如何？
　熱烈程度、快活度、認真度、對立程度、緊張度……
②全員是否公平參與？
　發言次數、發言時間、方向、截斷（覆蓋）……
③互相的講話方式如何？
　身體面對的方向、眼神接觸、音調（語調）、肢體動作、表情……
④彼此的反應如何？
　眼神接觸、點頭、隨聲附和、表情、態度、行為……
⑤是否有團隊整體的特徵？
　程序、決定、共識形成、時間管理、約定成俗的前提、任務分派……

內容

容易看見

邏輯
得失　思維　判斷

不易看見

好惡　情緒　關係
心理
價值　自尊心

內在歷程

構築關係　只是業務上的聯繫並非溝通的目的。溝通是為了與對方建立互相信任的關係（信任感）而存在。其目的在建立「感覺合得來」、「不論什麼事都可以放心地聊」、「心意相通」這一類的良好關係。

　　為此，除了這裡所介紹的基本技能，複述對方的話之<u>複誦</u>、配合對方的語氣和情緒的<u>同步</u>等技巧也能發揮功用。只不過，<u>使用太多技巧，或耍小聰明有反效果。</u>當你不用特別注意就能自然而然地用出來時，就表示信任感已建立。

信任感

互信關係

最初的一步　**觀 察 自 己 的 行 為**

　　溝通技巧的提升，主要是透過修正或精練已學會的技巧，而不是去學習新的技巧。可以從了解自己的做法和風格做起。

　　不過，我們不會知道別人是如何理解我們的舉動，只能請對方給我們回饋。話雖如此，但在一般職場很難這麼做，利用團體研習是最快的方法。即利用喬哈里窗，藉由自我揭露和回饋來互相了解。

　　如果這麼做有困難，就只能透過觀察自己來察覺了。比方說，網路會議可以輕易錄下討論的情景，事後觀看便能清楚看出自己溝通時的習慣和旁人的反應。要一直看著自己很痛苦，有勇氣的朋友不妨一試。

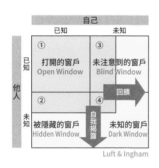

相關技能　**掌 握 豐 富 多 樣 的 技 能**

12 從旁輔導　從旁輔導內含許多主要的溝通技巧，如傾聽、發問等。全是可以普遍應用於職場上的技能。

20 寫作　除了口語，不能忘記還有透過書面語的溝通。寫作、圖解、文書設計這一類技能對促使業務順利進行必不可少。

31 職場禮儀　除了這裡所談到的之外，職場溝通有其獨特的規矩（形式）。不遵守的話，工作會無法順利運作。

從旁輔導（Coaching）

支援個人的成長

即使激勵人「拿出幹勁！」，或手把手地教導，但幹勁並不會那麼容易出現。當人會自己思考、自己採取行動時，才能發揮最大的力量。認可對方，相信他有可能成長並委以責任，將會培養出能夠自主行動的人才。

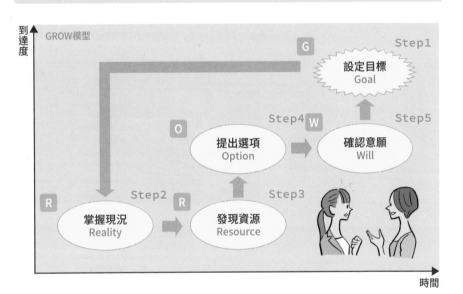

基本思維　協助尋找答案

　　促進自主行動以達成目標，我們稱為**從旁輔導**。其旨在透過教導的人（教練）和接受教導的人（案主）的對話，促使各種覺察和變化發生，以能充分發揮潛在的力量。它不僅是人力開發，也是個人和組織在學習和成長上不可或缺的手法。

　　要在工作現場實踐從旁輔導，光是學習技巧並不夠。重要的是衷心盼望對方能夠成長和成功，並養成尊重對方主體性的態度。

技能組合　靈活運用溝通技巧

傾聽　從旁輔導從建置一個易於對話的環境，一對一聽對方說話開始。重要的是「傾聽（Listening）」，不是「聽（Hearing）」。專注地用心傾聽、同理對方，而不只是用耳朵聽。這需要一般所說的**積極傾聽**（Active Listening）技巧。

在此同時，為了傳達自己確實理解以促進對話，要積極用複述、隨聲附和、點頭等方式回應對方。如果使用配合對方的技巧，如「**同步**」、「**鏡像**」，效果會更好。這一類態度和後面會談到的「肯認」也息息相關。

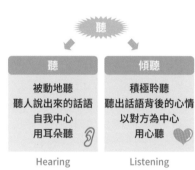

聽	傾聽
被動地聽 聽人說出來的話語 自我中心 用耳朵聽	積極聆聽 聽出話語背後的心情 以對方為中心 用心聽
Hearing	Listening

提問　要讓對方發現自己內心的答案，提問能力是關鍵。一邊觀察對方的樣子，一邊依談話內容和進展情形不斷提出各種各樣的問題。這正是在考驗教導者的本領。為此，我們必須增加問題的類型。比如，使話題延伸擴大的**開放式問題**和縮小範圍的**封閉式問題**；積極提問的**肯定式問題**和消極提問的**否定式問題**；探究今後演變的**未來式問題**和回顧過往的**過去式問題**等，要視情況區分使用。改變**抽象程度**（Chunk）的**具體化問題**和**抽象化問題**，對於深入挖掘效果不錯。

不過要注意用法和講話方式，以避免誘導對方說出自己期待的答案或變成盤問。其實，簡單的問題反而更能夠打中對方。

開放式問題	封閉式問題
・對什麼感到困擾？ ・是什麼導致 A？	・目前有什麼困擾？ ・A 跟 B 哪一個比較接近？

肯定式問題	否定式問題
・要怎樣才有辦法做？ ・你能做什麼？	・為何沒辦法做？ ・你不會做什麼？

未來式問題	過去式問題
・你想要變成什麼樣子？ ・今後要做什麼？	・曾經發生過什麼事？ ・一直以來做了什麼？

具體化問題	抽象化問題
・例如什麼？ ・如果要舉一個例子？	・簡單說，有什麼問題？ ・如果要用一句話總結？

肯定 當人獲得他人的認可就會安心並試圖改變。因此**肯定**別人是一項很重要的能力,傾聽和提問也是肯定的一環。

首先要關注對方的活動和情形,直接給予肯定。這是**回饋**的基本。尤其是指出**努力、貢獻、長處、進步等正向的一面**,獲得肯定的感受會更強烈。

「誇獎」(稱讚)也是一種回饋。效果會因為誇獎什麼、時機、講法而有不同。另一種很常使用的回饋就是說「我覺得很開心」,告訴對方自己的感受或期待。如果和對方之間存在互信關係,就會大受鼓舞。

不論何種情況都必須小心不要變成在打分數,或是產生依賴。負面的話也能公開說才是真正的回饋。

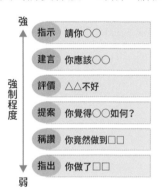

設計過程 從旁輔導要在對方同意之下釐清目標,有計畫地進行才會有結果。除了各種溝通技巧,組織整個過程的能力也不可少。

代表性的推進方式之一是**GROW模型**。使用設定目標、掌握現況、發現資源、提出選項、確認意願五個步驟進行教導。每個步驟都會用到很多問題,要靈活地運用。

其他還有數種模式,先記住這些模式會很方便。不過,模型並不會帶來結果。如何提高對話品質才是最大的關鍵。不用說,其根基是建立在你和對方的關係上。

G 目標	・你現在最希望達成的目標是什麼？ ・五年後變成怎樣,你會覺得滿意？
R 現況	・你現在距離那目標多遠？ ・至今為止你做了什麼？
R 資源	・為了實現目標如果要借助某人的力量,那人是誰？ ・獲得怎樣的資訊就能往前進？
O 選項	・可以想到其他前所未有的新做法嗎？ ・有哪些尚未嘗試過的方法？
W 意願	・如果要從最簡單的事做起,那是什麼事？ ・要不要一起來決定那件事要做多久、做到什麼程度？

　　想掌握從旁輔導能力的人，一開始應當學習的技巧就是傾聽。然而，要在工作現場實踐它並不容易。因為別人在說話時，我們的腦中總會不由自主地閃過不必要的念頭，心不在焉地聽著。

　　進行傾聽時，訣竅就是在心裡按下開關：「好，我要盡全力聽對方說話。」即便只是一分鐘或五分鐘都無所謂，那段時間就是要盡量集中注意力。愛說話的人只能完全放棄說話。因為不強迫自己的話，根本無法認真聽人說話。

　　聽的時候要盡量對對方的話感興趣。如果很難做到，最好就是去關心對方關心的事（多數情況就是對方熱切談論的事物）。這麼一來就可以很自然地聽對方說話。進而能同理和肯認對方。請各位找個機會試試看。

相關技能　**促 使 個 人 和 組 織 成 長**

19 引導催化　從旁輔導和催化引導雖然取徑不同，但都是組織發展的代表性手法。兩者同時使用的話，無疑是如虎添翼。

22 領導能力　領導能力有多種多樣的風格，應該依情況分別使用。領導者不是只有帶領眾人，還可以運用從旁輔導，發揮支援型的領導能力。

26 人才開發　在工作現場有豐富多樣的學習方法和機會。若搭配從旁輔導一起使用，教育效果會更好。

13

明確主張
在不責怪他人之下提出看法

> 上司單方面對部下說自己想說的話；而部下有話卻不願對上司說。這是辦公室裡常見的溝通。這樣別說是成為一個有效的團隊，根本就發揮不了作用。讓我們一起學會自我肯定，致力追求透明開放的職場文化吧！

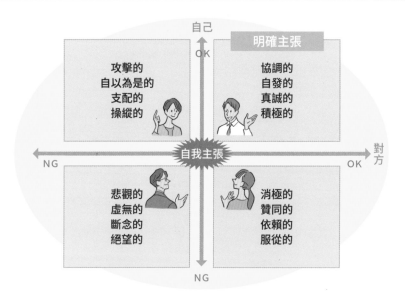

基本思維　**自 己 和 他 人 都 O K**

　　重視自己和他人並提出自己的觀點就是**明確主張**。不會說話咄咄逼人，不會扼殺自己的意見，或是死心斷念。在坦率地表達自己所思所想的同時也真誠地傾聽對方的意見。如此達到「我OK，對方也OK」的狀態，就是**明確主張**。

　　除了在工作上，自我肯定也是與人建立關係的關鍵能力之一。不僅是做法，應有的狀態也很重要。

技能組合	理解原則並實踐

四點原則　明確主張重要的是對自己**誠實**，同時真誠地對待他人。欺瞞、掩飾並不可取。說話時要**坦率直言**，別像嘴裡咬著東西似地含糊不清。話雖如此，但如果不能觸動對方的心也沒有意義。

同時要時時留意站在**對等**的立場發言，不是高高在上，也不是仰望。除去年齡、地位等的**排序**（P150），以作為一個人的身分面對面。說什麼、不說什麼，一切結果由**自己負責**。必須抱著自行承擔的決心和**勇氣**才行。

牢牢記住這四點原則，相信自然而然地就能以明確主張的方式表達。這指的不僅是言語，也包含表情和態度等非語言的訊息。

誠實　坦率

對等　自我負責

Assertive Japan

DESC描述法　確實區分事實、情緒、要求在自我肯定上很重要。如果混在一塊，別人會無法理解你的想法，或產生不必要的磨擦。學會專為解決問題型自我肯定設計的**DESC描述法**，就能夠好好地整理想法並表達。

視情況，有時使用**非暴力溝通**（NVC：Non-violent Communication）會很有效。它是以類似自我肯定的問題意識開發出的溝通技巧。若記住各種溝通模式，你的應變能力就會提高。

D describe 描述事實
E explain 述說意見和感受
S specify 提案或委託
C choose 暗示選擇的結果
自我肯定
Bower & Kelley

O observation 觀察狀況
F feelings 述說自己的感受
N needs 說明需要
R request 向對方提出要求
NVC
M.B.Rosenberg

77

自我揭露 　將自己的想法、心情、有關自己的資訊等告知他人的行為，稱作自我揭露。自我肯定也屬於其中一種。不能好好敞開心門便無法進行自我肯定式的溝通。

因為是聊自己，所以主詞應該是我（I）。只是牢記著「**我訊息**」也會成為自我肯定式的表達。另一方面，如果使用你（You）或我們（We），就會變成命令式。很可能讓人不必要的抗拒。

比方說，你在反駁時說「你的想法是錯的」，和說「我有不一樣的想法」，給對方的感覺肯定大不相同。我訊息是一種各種場面皆可使用的必修技巧。

合理的信念 　自我肯定旨在冷靜地面對對方的言行，勇敢說出真心話。為此需要改變看事情的角度，而不只是學習各種各樣的表達方式。

我們都有許多「應該○○」的信念。然而，認為「任何時候、任何情況都必須百分之百○○」

就太過了，要視情況和程度而定。換句話說，那是**不合理的信念**（迷思），以「盡可能○○比較好」的方式看事情才合理。這就是有助於擺脫束縛我們的一些想法、觀念的**ABC理論**（A.Ellis）。

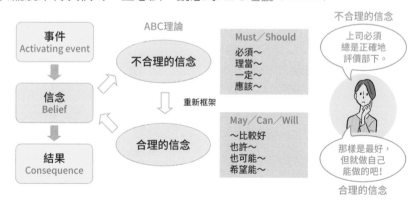

最初的一步　**從書面語開始**

正如「高高在上」、「察言觀色」、「無法說NO的日本人」這些說法的存在，要在日本社會實踐自我肯定確實相當困難。無論做過再多模擬，我們依然說不準現場會發生什麼狀況。除非累積相當的練習量，否則不會有勇氣挑戰現場（Live）。

我想建議這樣的朋友，從電郵或書信這一類書面語開始。比如，試著使用DESC描述法寫封E-mail婉拒客戶的委託。這樣的話，不擅長堅持自己觀點的人也能梳理自己的想法再表達出來。在再三推敲的過程中，慢慢就學會自我肯定。

不過，寫到激動處，字裡行間或句尾就會透露出情緒。放個一天左右再寄出比較安全。雖然這麼說，但回信的時機也是一個重要的信號。小心別延後太久。

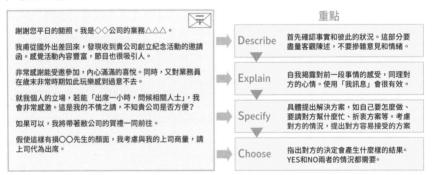

相關技能　**充分利用自我肯定**

14 怒氣管理　不能好好自我肯定的一個原因是無法控制憤怒、焦躁這一類的情緒。

15 客訴處理　在客訴處理中，理解對方的要求和情緒很重要。另一方面，有些情況也必須清楚傳達我方的說法。如果沒有自我肯定的技能，不可能做到雙方都滿意的解決。

26 人才開發　培育部下時會遇到要告訴部下你的評價、或要求他改進的場面。不會自我肯定的表達方式，會破壞你和部下的關係。

怒氣管理

控制怒火

好後悔我當時那樣說……。各位應該都有過為氣憤下的言行後悔的經驗吧？或許也有人曾變成別人的出氣包而心理受傷。憤怒是種麻煩的情緒，它既是毒也是藥。學會如何妥當地控制它，將能建立安全、安心的人際關係。

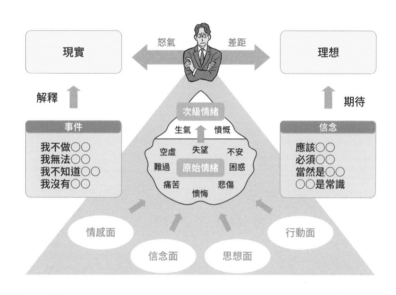

基本思維　與怒氣好好打交道

　　憤怒會對旁人造成影響，但它不是別人給我們的，而是我們自己製造出的情緒，並且自己可以控制它。**怒氣管理**的技巧就是要妥善地處理憤怒。

　　怒氣的產生是因為理想（期望）和現實（實際）有落差。它是一種自我保護的**防衛機制**。它本身並不負面，重點在於如何處理和表達。也可以轉換成正能量。

技能組合	學 習 如 何 處 理 憤 怒

抑制怒氣　據說憤怒的高峰長達六秒鐘。只要度過那高峰，就能夠冷靜地面對。現在已有許多人提出有助於冷卻情緒的方法，如倒數、度量化、因應咒語等。要多多嘗試，找到適合自己的方法。

憤怒屬於**次級情緒**，背後存在引起憤怒的**原始情緒**。大致上就是失望、不安、困惑、悲傷、懊悔這一類的負面情緒。不要任憑情緒左右去發洩怒氣，只要誠實地表達出原始情緒，就會慢慢冷靜下來。

反之，當別人對你發洩怒氣，要認真地傾聽對方，將關注集中在他的原始情緒。當你知道那是什麼就會產生同理心，如此對方的怒氣也會慢慢平息。

倒數
用數字來度量怒氣
暫時停止思考
在心裡默念一句話
讓注意力集中在五感上
實況轉播心裡的狀態
念誦能鎮定情緒的咒語
試著深呼吸幾下
6秒鐘

擴大容許範圍　怒氣的源頭是堅信正確的**信念**（Belife）。當你的「應該〇〇」被打破時，就會感到憤怒。

然而，信念的內容和程度會因人、立場、情況、時代等的不同而改變。認為「任何時候、任何情況下都完全正確」就會有問題（**ABC理論**）。若能對信念的邏輯性、彈性、現實性、效果等產生懷疑，讓腦袋鬆綁，就會減少發怒。

重要的不是徹底放下信念，而是知道自己不能退讓的底線。並且要努力擴大可容許的範圍，但如果有人超出了底線就要告訴他，否則自我會被摧毀。話雖如此，但突然生氣、不高興，對方也不會理解。有必要培養用自己的話好好解釋清楚的能力。

【信念】在工作上〇〇是常識！

邏輯性	・認為理當〇〇的依據是什麼？ ・〇〇從未被實現嗎？ ・現在真的都不〇〇嗎？
彈性	・有必要總是〇〇嗎？ ・不徹底〇〇會致命嗎？ ・非得是〇〇不可嗎？
現實性	・總是 100%〇〇是做得到的嗎？ ・有人能徹底做到〇〇嗎？ ・未來永遠不會是〇〇嗎？
效果	・為〇〇煩惱有什麼好處？ ・做〇〇真正的目的是什麼？ ・責怪不做〇〇的人能得到什麼？

讓怒氣過去　如果所有令你憤怒的事都要去參一腳，有再多的你也不夠

用。應當將心力投注於對自己重要，而且是自己能夠改變（可控制）的事。如果有空生氣，還不如立即展開具體作為，以求情況多少有點改善。

重要但自己無力改變的事，像是景氣衰退、社長無能，即使壓力很大也只能無奈地接受。接受它並尋找自己能做的事才是明智之舉。何況原本就不太重要的事，要嘛改變自己的信念讓步，要嘛不去管它才是上策。

重要的是，集中精力去做自己能夠改變的事。試著記錄（壓力日誌）、調查自己是否正在對無力改變的事生氣也是一個辦法。

	可控制	不可控制
重要	謀求解決 立刻有所行動	接受 尋找能做的事
不重要	接受 尋找能做的事	不在意 不管它

改變生氣的方式 　在盛怒下斥責部下並不算是指導。要是做出人身攻擊「你根本就是……」，或不分青紅皂白地說「反正你就是……」，會被人指控你「職權騷擾」。因此必須學會有效的斥責方式。

最重要的是，希望對方做什麼、怎麼做？要具體說明要改善之處和要求。根據事實、附上適當的理由、有效利用「我訊息」這類自我肯定的技法會很有幫助。比起容易變成指責別人過失的探究原因（為什麼做不到），集中精神去思考解決方案更能帶來豐碩的結果。

話雖如此，但這些都是建立在上司和部屬的互信關係之上。如果真心期盼對方有所成長的心意沒有傳達，對方還是會認為「被上司臭罵一頓」。

好的斥責方式	不好的斥責方式
告知要求	攻擊人格
說得很具體	標準不一致
說明理由	扯其他的事
根據事實	一口咬定
使用「我訊息」	追究責任
聽對方說	講大道理
傳達出期待	誇大

　記 錄 怒 氣

　　怒氣管理始於客觀地觀看自己的憤怒。你記得自己平常會為什麼事生氣？多常生氣？了解這些的話，自然就會清楚應該採取的對策。

　　有個記錄怒氣的工具名為**憤怒日誌**。就是在每次萌生憤怒的情緒時做記錄。持續記錄即可掌握自己憤怒的傾向。還有一個好處是，可以藉由書寫整理自己的心情。

　　憤怒日誌盡量只寫實際發生的事，或自己內心起的變化。禁止分析，如「為什麼我要那樣說？」、「不能妥協的信念是什麼？」。那是在累積一定程度的記錄後再慢慢做的事。在這個階段分析，只會得出顯而易見的答案。讓我們先徹底收集第一手資料吧！

憤怒日誌（範例）

①日期	2021年9月20日
②地點	行銷部的客廳
③事件	請○○幫忙做的資料錯誤百出不能用
④心聲	到底要我說多少次才懂！不要太過火！
⑤憤怒的程度	0　2　4　6　8　10
⑥行為	粗聲粗氣地罵他：「你老是……」
⑦結果	他默默地回到座位上，可是他真的明白我的意思嗎？

　不 情 緒 化 地 推 動 組 織 運 作

13 明確主張　明確主張是怒氣管理的一部分，應當一起學會。學習憤怒的機制和控制怒氣的方法，實際練習明確主張的技能就會更容易。

21 管理怒氣　管理對打造有活力的工作環境不可或缺。其中，管理者們的行為尤其是關鍵。

30 騷擾防治　在稍微說句重話就會被說成「職權騷擾」的現在，怒氣管理只會愈來愈重要。

15

客訴處理
回應顧客的要求

所有職業不分類型，與顧客接觸的機會都愈益增加。善加利用顧客的意見，將能預測到市場的需求。反之，如果不能妥當應對，就有可能對企業造成重大損害。為了化危機為轉機，必須掌握紮實的技能。

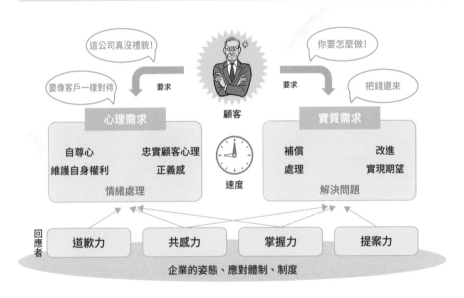

這公司真沒禮貌！	你要怎麼做！
要像客戶一樣對待　　要求	要求　　把錢還來

心理需求　　顧客　　**實質需求**

心理需求	實質需求
自尊心　　忠實顧客心理	補償　　改進
維護自身權利　　正義感	處理　　實現期望
情緒處理	解決問題

速度

回應者：道歉力　共感力　掌握力　提案力

企業的姿態、應對體制、制度

基本思維 ┃ **化 解 顧 客 的 不 滿**

顧客訴說不平不滿、要求改善即是**客訴**。妥當地處理使問題得到解決就是**客訴處理**。提升顧客滿意度，對建立企業與顧客的互信非常重要。在CS管理備受重視的現在，客訴處理已成為全體從業人員都應當具備的技能。

顧客提出投訴是基於兩種需求，**心理上的需求**和**實質需求**。一般的程序是先處理前者，再處理後者。

技能組合　**處理兩種需求**

道歉力　回應顧客第一印象很重要。因為一開始的回應會影響到後續的處理。為了滿足顧客心理上的需求，首先要道歉以平撫情緒。只是「對不起」，對方並感受不到你的歉意。不弄清楚自己為什麼道歉反而會惹惱對方。

在這個階段尚未完成事實查核，因此是對有缺陷和造成不愉快道歉。照本宣科或表現出「錯不在我們」的感覺，會造成反效果。必須站在顧客的立場誠心誠意地道歉。

不久對方的情緒緩和，開始出現合力解決的機運。若有必要，就著眼於未來而道歉、表達感謝之意，盡量聚焦在不滿的內容上。

著眼於過去
・很抱歉造成您的不便
・讓您感到不愉快，還請見諒
・我非常抱歉，讓您失望了
・這是我們的疏忽，給您添麻煩了
・是我解釋得不充分，真是不好意思
・抱歉，讓您久等了

著眼於未來
・今後我們會提高警覺，以免再發生這樣的狀況
・我們會認真看待您的指教，今後並善加利用
・我們會根據您的意見更加努力改進
・我們衷心感謝您坦率的意見

共感力　顧客提出投訴主要是「希望別人理解自己」，不滿還是其次。牢牢接住這情緒將可提早解決。

傾聽的技巧在這裡會變得很重要。好好地進行眼神交流，連同肢體語言一併傾聽。並適時地應聲附和、點頭、複述、記筆記等，總之就是竭盡所能地用心傾聽。

我們在說話時也要特別留意聲調、抑揚頓挫、句尾等，避免被對方誤以為我們不尊重他、懷疑他。

當中也有人會激動地對我們發脾氣。只要不流於人身攻擊，耐住性子聽幾分鐘，對方就會冷靜下來。想縮短發洩的時間就別打斷，徹底傾聽。不論如何，不讓對方的自尊心和正義感得到滿足，就無法開啟建設性的談話。

掌握力　顧客的心情一旦平靜，就要去了

解到底發生什麼事，包括**客觀的事實**和**心理事實**。利用**提問**技巧釐清**5W1H**（誰、何事、何時、何地、為何、如何）。

這類問題由於涉及窺探顧客的行為，**緩衝語句**的使用便成為關鍵。只因為對真相存存疑便提出問題，很可能會得罪對方。要盡量從其他角度收集事實。

了解事實常常會扯到原因和責任的問題。如果自己有錯就老老實實地道歉，不要推諉卸責。反之，則要確認顧客應負的責任。透過這種方式來釐清客訴產生的**結構、背景、過程**等，以查明問題所在。

提案力 一旦了解需求，就要思考站在公司的立場該如何回應，拿出自信提出**選項**。這正是負責回應者展現手腕之處。力求提出雙方都滿意的方案。可以的話，提出數個方案讓人選擇，對方會更能接受。請顧客也提出方案一併考慮也是個好方法。這時要小心，不要演變成說服或討價還價。

這個階段有時會遇到顧客提出難以接受的要求。別慌了手腳，**要實事求是地面對它**。切勿輕易妥協或給予虛應式的承諾。有些情況不得不當場做決定，這就考驗回應者的瞬間**判斷能力**。

如果顧客的心意已定，企業方和顧客方就要各自確認會採取的**行動**，釐清彼此的責任範圍。最後要確實表達感謝，結束一連串的處理過程。

最初的一步　描摹對方的心情

　　客訴處理考驗的是綜合能力，累積的經驗說明了一切。首先要做的就是**同理式溝通**。因為它不但容易上手，而且不限於客訴處理，對平時的工作和生活也很有幫助。

　　其中我尤其推薦的是照著對方的話語（事實和情緒）複述一遍的**回溯法**。一開始先不要改換說法或是摘要，盡可能使用同樣的詞彙。這樣比較不會讓對方覺得「有點不太一樣」，，並感覺自己獲得接納。一旦從別人的口中聽到自己說的話，也能客觀地審視它。

　　如果能做到這一點，再進一步複製對方的情緒，為他們發言。這時要特別留意口氣和表情，以免被人說：「你懂什麼！」

相關技能　提升應對能力

13 明確主張　即使面對客人，不合理的要求一定要拒絕。這時明確主張的技能可以派上用場。

14 怒氣管理　客訴處理的壓力只會有增無減。學習憤怒的機制和如何控制怒氣的話，應對起來便比較輕鬆。

31 職場禮儀　講話的方式稍有不對，很可能變成「提油救火」，讓顧客更加生氣。適合職場的措辭、舉止、儀容等是處理客訴的基本功。

16 簡報
傳達訊息以取得同意

對方不能理解我的意思；提案一直無法通過；大家感受不到我的熱情。或許這不僅僅是取決於內容的好壞，可能還缺乏了觸動多數人的技巧。讓我們一起試著掌握簡報的技能，立志成為能夠發揮主動性的人才吧！

解決問題型	問題	原因	選項	判斷
達成目標型	目標	努力展開	追加措施	決定行動
空雨傘型	論點	事實	解釋	結論
辯證法型	課題	正	反	合
FABE型	特徵 Feature	優勢 Advantage	益處 Benefit	證據 Evidence
時間序列型	過去	現在	未來	提案
故事型	個人經驗 Self	共同課題 Us	行動 Now	旨趣
改革型	改革課題	必要性	效果	實現性

基本思維 **觸動多數人的心**

　　簡報（Presention）是一種對聽眾傳達自己擁有的資訊和想法的行為。可大致分為三類，**說明**——分享資訊；**教學**——移轉知識或方法；**說服**——讓人了解企畫或提案。做法和著重的點會因為目的而多少有些差異。

　　簡報的技能大致分成**內容**（腳本和簡報資料）和發表（講話的內容和方式）兩部分。兩者缺一不可。

　製作內容並發表

脚本編排　準備工作從選定話題、企畫、構思呈現內容開始。這時利用5W1H來思考，可以減少疏漏。

　　當中尤其重要的是傳達的對象（Who）和內容（What）。為此要理解假想中的**對象**的屬性、特徵、需求、狀況等。設定具體的**終點**——要讓他們帶走什麼？怎樣的簡報才算成功？在這個階段決定好**標題**就不會失焦。

　　接著思考為了達成目的，要按照怎樣的順序說些什麼？即整體的**結構**。簡報有許多常用的模式（型），如前言、正文、結論。利用這些模式就能輕易地完成**脚本**編排。而且要決定時間、地點、器材、備用品、通知等施行上的必要元素，進行安排。

製作簡報資料　簡單易懂、具有衝擊力的**投影片**對簡報不可或缺。首先要決定投影片的結構，如「一張三分鐘，全部共二十張」，再按照脚本大致分配內容。

　　此外還要決定投影片的設計、主色調、版面基本設計（字體大小、字數、配置）等，設計整體印象。尤其是同時使用投影資料和紙本資料時，這個階段設計的精良程度將是易看性的決定性因素。

　　製作讓人一目了然的投影片，需要能簡潔表達自己想傳達訊息之能力。圖解、照片、圖表、插畫等的**視覺元素**也是重點。若能將這些結構化，均衡地配置，適當地催化引導視線，就不會導致聽眾毫無頭緒。

訊息　本來就是要用對方理解的語

言說話，對方才會懂。使用專業術語、簡稱、定義模糊的詞彙（舉例：全球化）等要當心。

告知目前所在**位置**——現在講到哪裡——也很重要。整體和部分、主張和根據、目的和手段等，要讓人明白談話的結構。「OO的理由有三個，第一個是……」像這樣編號也很有效。還有一些技巧，如更動談話的抽象度、顯示選項和優先順序。連接詞的使用方式也是易於理解的關鍵。

話雖如此，但全在談邏輯道理，聽的人會疲乏。如果穿插一些實例或親身經歷的**故事**等，聽眾的興趣和關心就能持續。像這樣按照聽眾而不是講者的思維說話，是發表的基本態度。必須時時觀察聽眾的反應，隨機應變地推進話題。

講話方式　非語言訊息對於簡報也很重要。要打扮得很正式，並抬頭挺胸，帶著燦爛的笑容去發表。

最大關鍵在於眼睛。在講一件事時要與同一個人進行**眼神交流**（一個訊息一個人），並依序望向全場聽眾。藉由目光的移動也可以誘導聽眾的視線。

聲音也是一項很重要的元素。當然要拿出自信清楚地大聲說話。必須注意講話的**速度**。也要注意如何斷句（**Pause**），以免流於呆板。

除此之外，**比手畫腳**這一類的動作也很重要。尤其是聽眾人數很多時，誇張的動作剛剛好。線上簡報也是同樣的。像這樣將簡報中所含的熱情而非內容傳遞出去，就是非語言訊息的作用。

眼睛	眼神接觸、視線的方向、眼神的力度、目光的移動
臉部	臉色、表情、僵硬度、嘴角、鼻子、眼尾餘光
聲音	大小、高低、聲調、講話的速度、停頓
姿勢	架勢、面朝的方向、上身的角度、服裝、打扮
動作	比手畫腳、雙手交盤、手勢、反覆
空間	與聽眾的距離、站立的位置、移動、巡迴

最初的一步 有 效 利 用 招 牌 架 構

　　與簡報相關的技能各種各樣，要一次掌握所有技能是個大工程。先從學習簡單的模式開始，如何？最適合入門的技能就是名為**PREP**的架構。

　　「簡言之就是……」，一開始就簡單扼要地說明自己想說的**重點**（Point）。接著說「為什麼呢，因為……」，舉出自己會這麼想的**理由**（Reason）或依據。如果不只一個理由，盡量使用編號按順序一一說明。邊說明邊曲指計算，訴求力道會更強。

　　然後再說「舉例來說……」，補充一些具體**實例**（Example）和數據。最後是「所以……」，再一次說明你想告訴聽眾的**結論**（Point）。

　　重點是要將這裡介紹的詞組變成口頭禪。如果能夠自然而然脫口而出便大功告成。讓我們來嘗試看看其他模式吧！

相 關 技 能　　提 高 自 我 表 達 能 力

17 說服　簡報的目的之一是獲得聽者的贊同。一旦掌握說服的技巧，簡報功力將穩步提升。

46 文書設計　認為「投影片製作靠的是品味」、「只要內容紮實，美不美觀不重要」的人，我希望這些人一定要學習文書設計。

48 閒聊　一廂情願地說自己想說的話是簡報的初學者。老手則是透過講者和聽者的共同努力完成簡報。從這個角度來說它與閒聊無異，閒聊的功力變好的話，簡報的本領也會提升。

說服
巧妙地說服別人

別人不願照我的意思去做，是我常聽到的煩惱之一。為此必不可少的是說服。然而，面對自己的上司和其他部門都有困難了，何況是面對其他公司和顧客。想要增強對他人的影響力，就必須磨練說服的技巧。

影響力的六大武器

❶ 互惠

原理　受過別人的善意（恩惠）便會想回報

對策　指出有借有還或過去的互惠實例

❹ 善意

原理　不想辜負別人的好意

對策　盡量看透好意背後的意圖，不要上當

❷ 一貫性和承諾

原理　希望採取一貫的態度

對策　顯示狀況的變化，以實事求是的態度面對

❺ 權威

原理　試圖服從有地位和聰明的人

對策　懷疑權威，檢視內容的妥當與否

❸ 社會認同

原理　覺得有別人支持的行動就是對的

對策　不過是一個參考，要自己斟酌內容做判斷

❻ 稀有性

原理　認為物以稀為貴

對策　不管數量多少，認清是否真正有價值

基本思維　**對人的思維和行動造成影響**

　　讓別人接受我方的想法，朝那方向改變意見和行動就是**說服**。它是一種對人造成影響的行為，是推動組織運作的原動力。並且是發揮領導能力不可或缺的能力之一。

　　說服有各種各樣的途徑。學習多樣的說服方法，找出最擅長，且可充分發揮自己特有風格的技巧很重要。要在簡報和談判中讓對方愉快地說YES，需要相應的訓練和經驗。

技能組合　**靈活運用豐富多樣的說服技巧**

自我說服　說服主要有三種方法。第一種是憑藉**力量**，如權力和暴力；第二種是靠**交換**，為求互利互惠而透過交易使人接受；第三種是透過引起**共鳴**來說服，讓人理解、同理我方的說法願意聽從。何者適合要視情況而定（暴力除外）。不過，要讓對方產生主體性，引起共鳴的方式會比較適合。

而且**自我說服**（促使對方自己思考後說服自己）比**他人說服**（我方單方面地勸說），更能讓對方趕快行動。

說服的順序　要說服別人，首要之務就是正確地傳達事實，讓別人理解狀況（敘述性說服）。此外還要說明被（不被）說服有何好處、壞處，讓對方理解（功利性說服）。不提被勸說一方的利弊得失的話，對方不會有感覺。

有時也會訴諸自由、正義、誠實這類的價值觀來說服別人（規範性說服）。如果這樣還是不行，就只能「動之以情」（情感性說服），「你就給我個面子……」。

在工作場面，一般都是依上述順序進行說服。何者能奏效要看對象。勸說者和被勸說者之間的關係也會影響結果。學會使用這四種方法，緊要關頭便能全部動用進行說服。

促成轉變　說服的目的是行為轉變，也就是促使別人採取我方期待的行為。如果是讓人答應「根本性地改革業務流程」這類麻煩事，就需要說個有抓住要點的故事。

首先要指出問題、煽動危機感，闡述想說服別人的事的**必要性**。其次是說明接受那件事將帶來的利益，和不接受會造成的損失，揭露**效果**。這是利用人比較在意後者（失）而非前者（得）的**損失規避傾向**，是很常用的一招。

最後，介紹成功案例和達成的步驟，讓人了解那件事很有可能**實現**。同時消除人對轉變的不安。除此之外，整個故事還要傳達出熱情。

影響力的武器　說服不可或缺的就是R. Cialdini提倡的影響力的六大武器。比方說，應用互惠和一貫性的說服技巧，如以退為進和得寸進尺（P98）。

說明「大家都這麼做」的是社會認同；而為尋求社會認同所產生的是從眾效應。一如我們平常經驗到的那樣，人容易服從自己抱持**好感**的人和有**權威**的人。強調「僅只現在」的物超所值感的是**稀有性**。

如果能將這六大武器運用自如，說服力便會大幅提升。對簡報和行銷都非常有幫助。同時一併學習當自己是被勸說的一方時要如何應對，就不會被別人的花言巧語所騙。

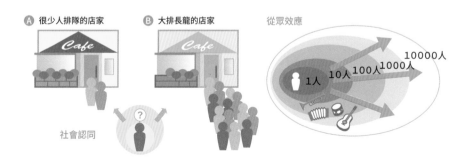

最初的一步 解 釋 理 由 以 說 服 人

　　人是尋求意義的動物，不明白意義便很難接受。換句話說，指出「為什麼？」（理由）是成功說服的第一步。

　　E. Langer做過一項實驗，測試用不同的說法請別人讓自己先影印，對方的反應會如何變化。結果發現，比起只說「請讓我先印」，附帶理由後獲得同意的比率大幅上升。既然是請求就需要理由，哪怕是不成理由的理由。

　　這就是自動化腳本。我們的身體一聽到理由便按下開關，未經深思就自動動起來。理由擁有的力量就是這麼的強大。

　　話雖如此，但若是強加一個自私的理由，或是挾恩圖報，對方並不會接受。先站在對方的角度檢視理由是否合理、是不是任何人都能接受，再開始說服吧！

相 關 技 能 將 說 服 有 效 利 用 於 工 作

16 簡報　從製作簡單易懂的資料到打動人心的說話方式，能不能充分運用這裡所談的技巧將決定簡報的成敗。

18 談判　說服技巧高，就能使談判的進行有利於己。並且能沉著地應付對手陸續拋出的種種說服戰術。

25 賦予動機　說服最後的終點是促使對方採取我方期待的行動。為此，對方有何需求？什麼事能引起他的動機？與賦予動機相關的知識和技能會很有用。

18 談判
超越利害達成協議

從公司內部的磋商到企業間的解決紛爭，商場上就是一連串的談判。
然而，以心領神會為美德的日本人非常不善於談判。頂多只會「軟硬
兼施」、「虛張聲勢」、「苦肉計」幾招。如果掌握談判技能，將能
與各種各樣人一起解決問題。

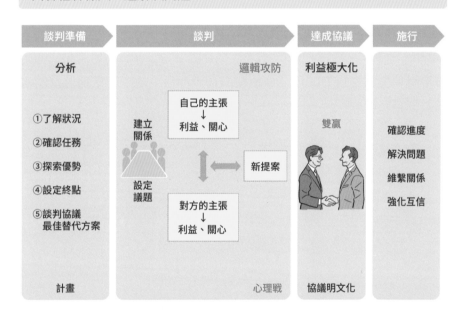

談判準備	談判	達成協議	施行
分析	邏輯攻防	利益極大化	
①了解狀況	建立關係 / 自己的主張 ↓ 利益、關心	雙贏	確認進度
②確認任務			解決問題
③探索優勢	新提案		維繫關係
④設定終點	設定議題 / 對方的主張 ↓ 利益、關心		強化互信
⑤談判協議最佳替代方案			
計畫	心理戰	協議明文化	

基本思維 | **透過話語而非權力解決**

　　利害不同的人互相交談以就解決方案達成協議就是**談判**。它不是為
了分出勝負，或讓對方屈服。而是要謀求己方利益極大化，同時**創造對
對方也有利的協議**。

　　單憑人性和經驗法則，足以有效地進行談判並贏得穩健可靠的成
果。有必要掌握既定的流程和技能。在談判現場，**心理戰**會隨著**邏輯攻
防**展開，因而需要同時具備**思考力**和**人際能力**。

技能組合　**遵 照 基 本 流 程 進 行**

準備　談判是個有計畫地解決問題的過程。不是「走一步看一步」的事。事前準備的好壞會大大影響之後的發展。比方說，在**談判五步驟**中，事前準備有五項：了解狀況、任務（談判的意義）、優勢、目標設定、BATNA（協議不成時的替代方案）。

　　其中，**了解狀況**尤其重要。要盡可能地調查、建立假設，如對方的利害關係人是誰？有什麼需求？處在怎樣的狀況？會造成什麼影響？對自己也要進行同樣的分析。

　　此外，如果是團隊進行談判，所有人都要了解這五個項目。否則無法齊一步調。

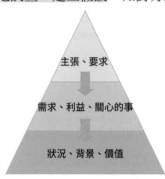

邏輯攻防　要談什麼議題？按照怎樣的順序談？談判從**討論議程**開始。同時也要**建立**有益於真誠對話的**關係**。

　　討論一旦展開，要盡量直接了當地傳達我方的說法。並附上依據和佐證資料，盡量對方容易理解的方式呈現。可以有效利用**空雨傘型**和**PREP**等的架構，以合乎邏輯的方式來談。

　　連我方的要求會帶給對方的好處也一併說明的話，對方會比較容易接受。同時要真誠地傾聽對方的主張，盡力去理解。

心理戰 談判不會只憑邏輯做決定，情感會影響判斷，出現許多**偏誤**，如定錨效應、框架效應、二分法陷阱、月暈效應、沉沒成本、損失規避傾向等。如果不能好好對抗對方發動的心理戰就會中計。

典型的計謀有**以退為進**和**得寸進尺**。兩人分別扮演**好警察和壞警察的戰術**，和提出中止談判的**最後通牒策略**也常為人使用。事先學習如何與之對抗就能沉著地應對。

要這類談判的小手段要考慮清楚。因為就算這次成功，也很難建立長期的良好關係。

以退為進

能不能請您志願服務三年？

待對方回絕無理的要求後再提出真正的要求

怎麼可能！
這種事我沒辦法！

那如果是一天的志工活動呢？

一天嗎？
那我也許還有辦法

答應率
2.5 倍

得寸進尺

希望你能允許我在窗上貼一小張不起眼的貼紙

待對方接受小小的要求後再提出真正的要求

只是一小張貼紙的話沒關係

（兩週後）我可以在院子裡設置大看板嗎？

啊？大看板。
嗯，可以吧⋯⋯

答應率
4.5 倍

達成協議 儘管立場和思維方式不同，談判就是要找出一個對雙方都有利的解決方案。於是找出共同的利益，提出實現它的新手段（選項）便很重要。

協議有很多種形式。即使雙方都不滿意，但協議對雙方都有一些好處的話，就要努力達成協議。協議內容要連細節都載明，以免日後發生爭執。

假如談判不順利，就需要另外的**衝突管理技能**。必須從重建對話環境做起。

同意草案

同意修正案

協議

部分同意

有條件同意

更高層級同意

同意過程

最初的一步　**先 發 制 人**

　　不習慣談判的朋友往往會想要「看對方的態度如何……」。這樣永遠不可能得到滿意的結果。也無法學會技能。談判是**先下手為強**。讓我們從按照自己的節奏進行談判開始吧！

　　為此，制定什麼時候要主動出擊的策略很重要。而且不可避免地要撥空為談判做準備，以能夠懷著自信面對談判。工作所謂**八分準備***的道理，在談判上也完全一樣。

　　開始談判後，要就議題選定等的進行方式先發制人。此外，最好搶在對手之前揭示自己的主張。因為爭論和讓步都會以此為起點。由於會為討論下錨，所以叫做**定錨效應**。

　　話雖如此，但不可在沒有合理證據下故弄玄虛（虛張聲勢），被揭穿的話只會失去信用。誠實以對才是王道。

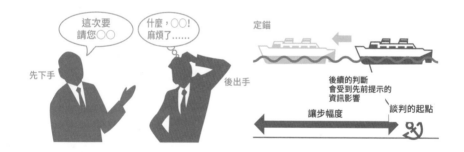

相關技能　**追 求 創 造 性 協 議**

17 說服　除非能讓對方接受自己的說法，否則談判不會有進展。具備說服的技能即可讓談判對自己有利。

19 催化引導　談判是討論的一種形式。掌握催化引導技能的話，可提高討論的品質。

28 全球化人才　談判技能現在備受矚目的一個原因是全球化。不僅利害和立場不同，價值觀和文化也迥異的人要一起工作，談判技能變得不可或缺。

*即做好事前準備便完成八成的工作。

19 催化引導
促進討論

就算討論也討論不出意見來，大家各說各話，規定的事也沒被執行。有這種煩惱的朋友應當培養的是催化引導技能。它可以誘使成員發揮智慧和幹勁，催化引導成員討論出全員都能接受的結論。只要改變會議，組織也會跟著改變。

基本思維 促 進 人 與 人 的 交 互 作 用

　　字詞的原意是「促進」、「簡易化」。催化引導的功用不限於會議，它能支持和促進所有知識創造活動，如解決問題、創意創造、共識形成、教育、學習、改革、自我表達、組織發展等。

　　另外，自願擔負那樣角色的人稱為催化引導師。

　　其特點是只管過程（進行面），內容（內容面）完全交由成員去討論。藉由這麼做慢慢引出團隊的力量。

技能組合　掌管討論的過程

設計空間　催化引導師的工作從事前的討論安排開始。徵詢參與會議的人的意見，獲得同意後會議才展開。具體來說就是會議的**目的**、**終點**（成果目標）、**流程**（議題）、**規則**、**成員**（和角色）等。與會者若不認同討論進行的方式，便不可能接受結論。必須在這個階段消除疑問和不安才行。

還有一點很重要的是，要設計一個舒適的空間。比方說，椅子、桌子等如何擺放會影響談話的難易度。要連心理的空間，也就是現場**氣氛**一併設計。為此，偶爾會需要加入一點閒聊來紓緩緊張的氣氛。

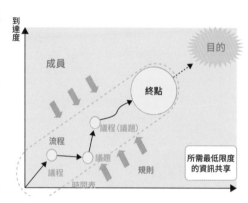

建立人際關係　討論一旦展開，就要創造**心理安全感**（P127）高的環境，以便盡可能多多交流意見和想法。我們稱它為**發散**。一面這麼做，一面建立能夠互相坦誠交流的關係。

為此，重要的是**傾聽**和**反應**。催化引導師要確實理解與會者的意見，並做出適當的反應予以鼓勵。同時也鼓勵其他人同樣這麼做。而且要仔細觀察每一個人，努力捕捉話語背後的心思和現場氣氛。

提問技巧是引出意見的關鍵。從**具體的小問題**問起，好讓對方容易回答，再慢慢逼近核心。要問誰什麼樣的問題、由誰來回答？安排發言的技巧也很重要。

組織討論　發散夠了的話，接著便要**收斂**。首先是將各個成員的意見整理得簡單扼要，毫無矛盾。尤其是論

點、主張、理據不明確的發言，都必須釐清其真正的意思。這時能派上用場的是邏輯思考的縱向邏輯和橫向邏輯。

　　一個一個意見整理好的話，接下來就要整理大家的意見。慣用手法是將收集到意見分類，挑出共同點，再進一步排出優先順序。如果使用白板和便利貼將它可視化，成員們會比較好理解。以圖解方式整理意見也是一種方法。

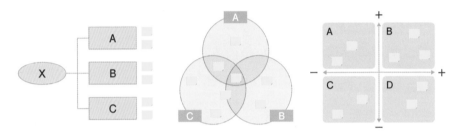

促進共識形成　得出結論的方法主要有兩種。一是將候選提案排出優先順序再做決定的選擇法。根據什麼標準做判斷是關鍵。另一種方法是將數個選項整合成一個所有人都能支持的方案。無論哪一種都必須先決定如何取捨，否則無法定案。

　　假使意見不一致出現對立，這時最重要的是促使雙方互相理解彼此的主張。而且要盡量催化引導雙方找出共同關心的事重新建構問題，打破思維框架一起思考替代方案。

　　如果成功找到折衷方案，會議便結束。確認協議事項和行動計畫後，討論落幕。

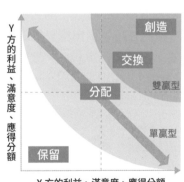

最初的一步　將討論「可視化」

開會之所以談不攏，是因為我們一直在打**空戰**──只就言詞交鋒。讓我們試著利用白板等將意見或想法**可視化**，以簡單易懂的方式整理出來吧！會議的生產率會有驚人的提升。我們稱之為**圖像引導**。簡單說就是板書的技術。

要寫得好，必須能夠準確地摘要發言重點，找出重要的意見，洞悉意見與意見之間的相異處和關聯性，並以淺顯易懂的方式表現出來。雖然這麼說，但一開始寫不好也沒關係。因為將它帶入一場看得見的**地面戰鬥**本身就會促進討論。

重要的是先問大家：「我可以寫在這裡嗎？」然後鼓起勇氣站在白板前。這是成為催化引導者的第一步。板書做得好，自然會知道在爭論中要如何判斷。

加藤彰

相關技能　幫助組織解決問題

05 解決問題　妥當規畫會議的進行方式、有效率地主持討論，需要具備解決問題方面的知識和技能。

24 打造團隊　催化引導最終的目標是打破僵化的思維和關係，完成組織的改革。為此，與團隊（組織）相關的廣泛知識和經驗必不可少。

43 整理　討論的整理法與文件的整理法，原則一模一樣。提升整理的技巧，便能讓會議順暢進行。

20

寫作

準確地製作文件資料

文件一再被要求重寫，或是透過E-mail提出請求卻詞不達意。對寫作有心理障礙的人不在少數。而職場溝通有相當一部分是使用書面語進行。寫作技能是決定工作效率很重要的元素。

揭示問題

文件的目的

出示判斷的依據

我在新人培訓中學到什麼？

摘要放開頭

就要報告我在培訓中對自己的覺察，同時說明今後的目標和決心。

1）選定目標，有計畫地前進

即使在培訓的小組作業中，我身為小組長，卻不能好好地帶領團隊，因而不得不在時間緊迫下匆忙完成作業。這是因為我沒有做到設定目標和課題，有計畫地推動事情前進。
這樣在眾人一起合作的工作單位將會擾亂團隊合作。我想先去參加外面的培訓課程，學管理（尤其是 PDCA）的基礎知識。

統一表現形式

2）拓展視野，徹底思索

在與同期成員進行討論的過程中，我很驚訝於聽到許多不同觀點的意見，而這些觀點是我以前不曾注意到的。我沒看過多少書，知識和經驗都很狹隘。而且我深切體認到自己欠缺徹底思索的態度。我希望自己不因為且找到答案便安⋯，而能夠繼續思考「真是這樣嗎？」、「還有其他的嗎？」

使用連接詞

明確揭示行動

三個重點

3）保有成本意識，努力工作

說來慚愧，我直到寫這篇報告時才意識到這次的培訓是對我個的投資。公司的存在是為了追求利益，我會盡⋯一面的人，努力工作，⋯，交付予我的工作，我會遵守品質和期限⋯並努力避免額外的花費。

簡明扼要

一個句子一個訊息

基本思維 | **寫 出 意 思 能 傳 達 的 句 子**

　　口語和書面語最大的不同是，後者的主導權在讀的人手中。而且，讀的人每天都會收到大量的文件資料。別人會讀多少？意思能傳達多少？正是**Writing**，也就是寫作技巧的關鍵。

　　為了做到這一點，必須能夠盡快寫出讓人留下印象、簡單易懂的文句。要有簡潔且條理通順的文句才能將自己的想法正確地傳達給別人。不會**邏輯寫作**的話會沒辦法工作。

技能組合　製作合乎邏輯的文件

整體結構　文件製作的品質有相當大的部分取決於結構。需要依據目的和閱讀對象來組織內容。最通用的是以**概要**（Summary）、**細節**（Details）、**總結**（Summary）來展開論述的**SDS法**。細節部分的內容量很大的話，會分成數個區塊（各論）。依重要度、時間順序、因果關係等排列，組織整個論述。

　　另外，也能直接挪用**PREP**、**解決問題型**、**空雨傘型**等**簡報**所採用的結構。不論使用何種形式，只要在開頭陳述結論，就會是容易閱讀的文件。用結論當標題也是一招。

　　結構完成的話，就估算字數，決定**格式**和**版面配置**（布局）。這部分也是直接關係到易讀性的重要元素。

構思	・釐清目的和讀者 ・決定整體的結構和格式 ・收集需要的資訊
整理	・寫出要傳達的訊息 ・排列並組成文章 ・大致配置內容
寫文章	・建構邏輯 ・具體說明內容 ・活用視覺元素
校訂	・重讀整個論述 ・推敲文句使其簡潔俐落 ・檢查錯漏字

訊息　文章的結構是文件合乎邏輯的決定性因素。首先要盡可能地將**訊息**（So What？）縮減成一個，用簡短的言詞表達出來。接著思考「為什麼可以這麼說？」，將它拆解成數個**子訊息**。有多個子訊息時要多多利用**編號**。一個個子訊息也從結論寫起會更平易近人。

　　要讓文章具有說服力不能缺少**理據**，要毫無疏漏地備齊客觀的理據。小心別把事實和意見混淆。將**金字塔結構**嵌入文章裡，邏輯性會大幅提高。

　　除此之外，要整理出文章的脈絡，好讓人理解諸如原因和結果、目的和手段、假設和驗證、具體和抽象、選項和優先順序等的思考路徑。

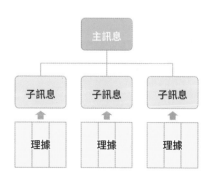

句子　以禮貌的用詞用語寫文章是基本。一個句子只表達一個訊息（一文一義）。除去贅字、刪去重複的語

詞，**盡量讓文句簡短**（控制在兩行以內，一行最好）。盡可能省略開場白，直接切入主題最理想。

我希望各位結合編號作有效利用的是**連接詞**。連接詞可以表明邏輯關係。適當插入文章裡，前後文的關係就會清楚明白，方便理解脈絡。**標點符號**的使用方式和**字彙量**也會影響閱讀的難易度。

讓讀者感到衝擊也很重要。依據讀者的理解、疑問、心情，使用**問題、隱喻、情感表現**。在不致流於勸說的範圍內適度穿插**實例**或**故事**，不讓人感到厭膩也是必要的。**節奏**也很重要，要檢查文句是否流暢，最好的方法就是出聲朗讀看看。

順接、因果	表示作為原因和理由的結果
所以、然後、故、因此、從而、因而	
逆接、對立	表示對立和反對的概念
但、不過、可是、但是、然而、雖說、即使	
並列、附加	舉出同等地位、程度的事物添加上去
並且、還有、另外、而且、加上、更、尚且、且、及	
補充、說明	換不同的說法或說明理由
也就是說、即、為什麼呢、比方說、只不過、順帶一說、總之	
對比、選擇	比較或選擇一個
或者、不然的話、還是、與此相應地、不如、或、另一方面	
轉換、替換	改變話題
且說、話說、那麼、那就、接著、其次、卻說	

高山瞭

遣詞用字 不用說，包含敬語在內，措辭要符合職場的環境。用詞**盡量淺顯**（舉例：迅速→馬上），拐彎抹角的說法為大忌（舉例：我決定要考慮→我會考慮）。

其中尤其要注意的是讓人**停止思考的字眼**（Big Words），即說一些好像很了不得的詞彙但內容空洞。要盡可能用自己的話語表達。避免使用有解讀空間的**抽象詞彙**，盡量具體描述（舉例：很大→五倍左右）。

句子的結尾也很重要。比起被動語態，**主體明確的主動語態會給人更強有力的印象**（例：被認為→認為）。盡量不以名詞結尾是明智的做法。

最初的一步　**從整體擴展到部分**

　　按照腦中的思緒從頭寫起的話，無法寫成一篇簡單易懂的商業文件。要先仔細研究結構和展開方式，並擬出**大綱**，裡面只有標題和要傳達的訊息。大綱完成之後再填入細節。一定要養成這個習慣，否則永遠寫不出好文章。是一種對其他方面也很有幫助的思維習慣。

　　幸運的是，Word備有製作大綱的功能，一定要加以利用。如果是製作簡報資料，盡量先把每一張投影片的重點都打好字，再開始仔細設計第一張投影片。

　　如此反覆之下，縱觀整體的能力就會提高。不久便能夠寫出一篇結構均衡的文章，即使一開始就從頭寫起也沒問題。還沒上手前也許很辛苦，但它絕對是提升寫作技能的方法。

相關技能　**增進訴求力**

16 簡報　簡報的技巧可以直接應用於寫作，如故事構成等。反之，寫作的技巧對製作簡報資料也很有幫助。最好兩者一併學會。

45 圖解　用圖像表現複雜的資訊，常常比用冗長的話語解釋來得容易理解。正所謂「百聞不如一見」。

46 文書設計　要製作簡單易懂的文件，光靠寫作是不夠的。訴諸視覺的設計能力將是關鍵。

指導（Mentoring）

指導者（導師）和接受指導者（導生）在一對一的關係中，**透過對話和建言促進導生自主發展即是指導**。導師是以人生道路上的前輩身分進行指導，這點與從旁輔導大不相同。

指導並沒有特殊的技能。會結合傾聽、提問、回饋這一類的**溝通技巧**進行指導。談話的主題並不固定，有時也會變成導生的角色楷模或商量對象。透過與導生的對話，導師自己也會成長，這也是指導的目的之一。

回饋

回饋（P74）單獨被當作從旁輔導和人才開發的重要技巧看待的機會逐漸增多。尤其是負面回饋會讓人聽了不舒服，給人負面回饋的技巧在實務現場已變得不可或缺。

具體做法有：確認對方已有心理準備之後再開始回饋；先說好的部分，再告訴對方「為了更好要改善的點」；促使行為或做法發生轉變，而不是要改變對方的性格或精神層面；激起對方的反抗意識等。

如果再告訴對方，你相信他會完成，並準備好提供協助，就會是強有力的支持。為對方著想的心意很重要。

對話

為了交流而會話，為了達成協議而進行討論。另一方面，**對話**則是為了深入了解彼此的想法，共同創造新的意義。是**打造團隊、理解異文化**必不可少的談話技巧。

對話時要仔細聽對方說，暫時不做判斷。雙方就彼此想法的前提互相發問，共同探索新的想法。不一定要得出結論，只要自己的想法有更深入一點，那就是對話的成果。

與工作或社會有關的「溯源」是很適合對話的主題。不怕想法與別人不一樣地互相碰撞，才會誕生新的想法（正反合）。

第 4 章

推動團隊前進的
組織類技能

幫助組織發揮力量

創造能持續發展的組織

我們建立組織是為了做個人獨力無法完成的事。一群人單純地聚在一起並不會成為團隊，要有一些設計和外力的作用，他們才會齊心協力。

一種方法是從組織裡的人（成員）下手。唯有成員的思想和行動合一，將其擁有的力量發揮到極致，才能完成艱巨的任務。而且必須是成員自己願意，否則不會是一個可長久持續的組織。

另一種方法是促成人與人的合作，也就是團隊合作。唯有每一個人都思考「我能為大家做什麼？」，積極配合，互相幫助，才是健全的組織。

有句話說：「我為人人，人人為我」。理想的組織正體現了這句話，不是嗎？

為此，最重要的就是作育人才。透過工作來發展能力，與夥伴一起互相精進技能和心性，培養肩負下一個時代的人才。

人才能夠養成，組織就會成長。組織如果成長，人也會隨之茁壯。創造這樣的良性循環正是組織打造。

希望能在每一個人身上紮根的組織類技能

本章介紹的十種組織類技能中，管理是基礎。要有效地運作一個組織，人員、資金、工作、時間等所有一切元素都需要管理。

領導能力和追隨這種縱向的關係是組織中會看到的關係之一。兩者若步調不一，組織便不會如願運作。

相對於此，主要處理橫向關係的是打造團隊。雙方都起作用，組織才會開始發揮組織的功用。對此影響很大的是每一個成員的動力。

　　如同前文所述，組織打造最重要的是**人才培育**。必須有計畫地進行人才開發。進入人生百年的時代，**職涯規畫**的重要性也會與日俱增。

　　此外，近來**全球化人才**的開發已是當務之急。可以將它定位為多元化的舉措之一。

　　但另一方面，組織內的活動也有負向的一面。不徹底進行**心理健康管理**的話，很可能招致不幸的情況。**騷擾防治**的措施現在也不可少。

　　實際上，管理者現在經常使用這些技能。然而，這些全是基本能力，我希望與組織相關的所有人都能學會。大家都學會的話，技能的效用就會更高。

21

管理
整合組織的資源

這樣的人力和時間,是要我們怎麼做事!這種時候可倚靠的就是管理技能。當中充滿了智慧,不僅可用於職場,更可有效運用在一般的生活中。讓我們學會管理,以「善於安排調度」為目標,在任何時刻都能取得成果吧!

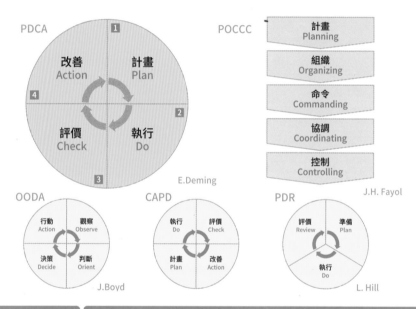

基本思維 | 安 排 調 度 組 織 以 達 成 目 的

掌管組織運作以達成目的稱為**Management**。它多半被譯為「管理」,但那只是Management的一部分。「安排調度」、「籌畫」才是其英文的原意。

如果從廣義的角度看待管理,那本書談到的大部分技能都會需要。本章則是把焦點放在組織調度上,按照代表性的**管理架構PDCA循環**來介紹所需的技能。

技能組合　**依照管理循環進行**

計畫　管理始於設定組織的目標和方針。通常，組織都存在**金字塔（階級式）結構**，讓上級組織的目標往下級組織展開並**設定目標**。而將目標落實為**行動計畫**，如誰要做什麼、何時完成，並籌措必要的**經營資源**（人員、物力、資金、資訊等），就是掌管組織的**管理者**的職責。

如果目標和計畫很籠統，便難以管理。一定要事先清楚定義用詞用語並將其量化，否則管理循環將無法運作。

讓組織成員都理解目標和計畫，對團結組織的力量也很重要。換句話說，管理者最重要的工作就是讓「我們現在必須做什麼」貫徹到組織的每個角落。

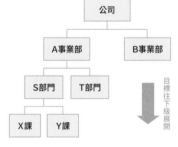

執行　計畫做好了如果不執行，就只是「紙上談兵」。而且除非百分之百徹底執行所有計畫，否則無法達成目標。因此下一個任務就是**管理**進度，以能按部就班、毫無延遲地執行計畫。

完全交給各個負責人的話會令人不安。要經常查看進度，一旦發現問題要能隨時採取必要的措施。偶爾會需要靈活應變，或是投入更多資源，或是變更計畫。

為了及早發現問題，除了**報告**、**聯絡**、**商量**之外，還必須讓**溝通變**得更活絡。要讓工作徹底完成，光靠大聲激勵是不夠的，還需要**提高動力**和**團隊合作**的措施。管理者需要細心留意、照顧、關心。

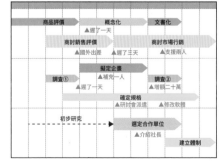

評價　凡事都沒做完就擱著的話不會進步。工作做到一個段落後，一定要評價其達成度，檢驗做出來

的成績和做法。有時，到了這個階段才發覺目標和計畫很草率，無法評價。

　　不論進行得順不順利，就**成果**和**業務流程**兩方面去分析主要原因至關重要。為此會需要**解決問題**和**活用數據**的技能。必須注意追究原因不能變成究責，否則會更難找出真正的因素。

　　同時要以客觀的標準評量成員的功績、予以回饋，並將它有效利用於日後的處遇和教育訓練。透過**從旁輔導**讓成員思考其做事方法也是不錯的方法。團隊一起回顧、互相回饋數字無法呈現的部分也會有用。

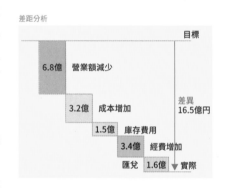

差距分析

目標

6.8億　營業額減少

3.2億　成本增加

1.5億　庫存費用

3.4億　經費增加

匯兌　1.6億　實際

差異　16.5億円

改善　若能對工作進行改善和修正，並將反省回饋到下一次計畫，管理循環便完成。關鍵在於能否找到根本性的改善方案，不陷入重新打起精神和鬥志的努力至上主義，不用只是表面功夫的措施來敷衍。有必要牢記，除非改變每一個人的思想和行動，否則結果不會改變。

　　而且，改善沒有終點。必須一再重複管理循環，同時按照**能力成熟度模型整合**的方法，使組織和業務達到高度成熟。如此，管理的做法也會隨之進化。

　　除此之外，對於人和組織，也要以長遠的眼光規畫其學習和成長。藉由這種方式來打造一個**有效率**且**穩定**的組織乃是管理者工作的本質。

Level 1	初期階段 Initial	工作全無計畫，依賴個人單打獨鬥
Level 2	已管理 Managed	根據工作的要件進行規畫、管理
Level 3	已定義 Defined	成績經過統計管理，結果可預測
Level 4	已量化管理 Quantitatively Managed	標準流程建立，並被有效利用、改善中
Level 5	最佳化中 Optimizing	在量化理解的基礎上持續進行改善

最初的一步 **先 設 定 終 點 再 開 始**

　　不具備管理能力的人有個共同點。總說「不做做看不知道」，於是從執行（Do）開始。沒考慮太多就開始做，當手中的資源用罄便結束。這時達到的其實是按件計酬式的成果。我們稱它為**堆疊式思考**。

　　管理手法多如山，但所有手法的共同點就是「從目標去思考」。工作的管理、人的管理、資金的管理、文件的管理等，大體上名稱有管理兩字的都一樣。先決定終點，思考到達終點的最佳路徑之後再付諸執行。不用**倒推式思考**推進工作的話，無法做到最佳的資訊分配。無法管理進度，因而難以取得預期的成果。讓我們養成從終點回推思考的習慣。不妨從微不足道的小事做起，如「從現在起，我要讀十本書」之類的。「先說結論」也是同樣的道理。

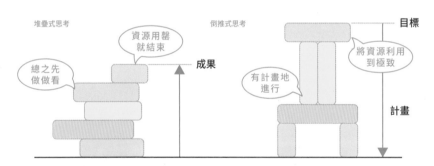

相關技能 **激 發 成 員 的 潛 力**

22 領導能力　不少人將管理和領導能力混為一談。兩者似是而非，對於運作一個組織來說，兩者缺一不可。

24 打造團隊　過度管理會導致成員的幹勁降低，損害團隊的關係。要打造一個團結一致朝目標前進的組織，有必要掌握打造團隊的技能。

26 人才開發　管理中最重要的資源是人。如何長期栽培一個人、如何賦予他動機，是管理上最迫切的課題。

領導能力
帶領團隊走向未來

在組織中無法做自己真正想做的事……如果有這種感覺，也許是領導能力有所不足。發揮領導能力力不需要權限和領袖魅力，只要讓別人感覺「想跟隨」就行了。要做到這一點，其實就需要有適合自己的風格和技能。

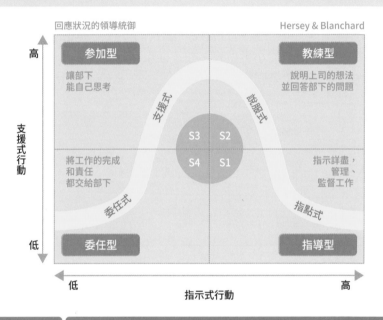

回應狀況的領導統御　　　　　　　　　　　　　　　Hersey & Blanchard

| | 參加型 | 教練型 | |
| 高 | 讓部下 能自己思考 | 說明上司的想法 並回答部下的問題 | |

支援式　説服式
S3　S2
S4　S1

委任式　指點式

委任型			指導型
將工作的完成 和責任 都交給部下			指示詳盡， 管理、 監督工作
低			

支援式行動

低　指示式行動　高

基本思維　**帶 領 眾 人 朝 目 標 前 進**

　　帶領人或組織走上目標的方向稱為**領導能力**。它是人際影響力之一，也是**領導者**和**追隨者**這種關係的根基。不一定只有組織中的上級管理者會使用它。組織成員個個都能發揮領導能力才是理想的狀態。

　　領導能力有各種風格，何者最佳要視狀況而定。本章將介紹無論任何風格都需要的技能。

技能組合	自己帶領團隊

構思力　如果今後要追求的目標不吸引人，我想不會有人願意跟隨。你描繪了怎樣的**願景**、高舉什麼樣的大旗？領導能力的根本就在於<u>課題設定的良窳</u>。

　　發起的新事物，多少要有一些**出人意表**才會受到歡迎。此外，還需要足夠的**說服力**，能讓人認為「那東西真的不錯」。令人期待又深感贊同的就是優秀的願景。

　　為此，需要具備能預見未來的**先見力**。即使不能合理地解釋未來，但只要自己團隊引起的轉變是合理的，那就夠了。

　　此外，如果不確信「團隊能合力完成」就無法邁步向前。因此需要擁有高度**構思力**，能勾畫出<u>偉大願景的領導者</u>。

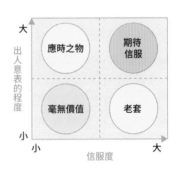

表達力　無論你懷抱多麼美好的願景，如果不傳達給成員知道，沒有人會動起來。必須具備一定的**表達能力**，將今後欲追求的未來描述得讓每個人都心動。

　　談理由和得失固然也很重要，但若不撼動人的情感人就不會行動。在傳達決心或覺悟的同時，盡量用**故事**來說明願景形成的原委和實現後的情景。藉由這種方式分享願景很重要。不是說服別人，而是讓領導者

①	②	③	④
我遇到了難題很困擾。就是我開發的產品完全不受顧客青睞……	因此我為了掌握顧客的狀況決定去做田野調查。首先……	在第一個城市遇見的A，一拿到產品就把開關開開關關。也不看說明書……	這時我才意識到自己產品真正的價值。就是連A也沒有預料到

的夢想變成所有人的夢想。

執行力　建立一支團隊以實現揭櫫的理想，也是領導者很重要的工作。相對於依計畫和職務進行管理的Management，領導能力則是提高成員的**幹勁**，進而創造出**團員之間的合作**。

要著重於課題達成（Performance）或是組織打造（Maintenance），不同類型的領導者在做法上多少有些差異（**PM理論：三隅二不二**）。不論何種情況，都要對成員**授權**，使成員發揮他們的領導能力。**引導他們靠自己的力量克服障礙**。

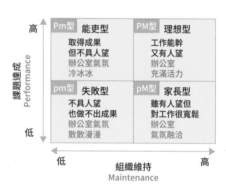

不同於管理追求的是效率和穩定性，領導能力是要創造一個能夠自我革新、持續成長的組織。為此，**培育下一位領導者**便成了領導者最重要的工作。

意志力　挑戰未知世界的領導者會遇到無數的困難。一旦心有畏懼、思想動搖，團隊會無所適從。達成目標的意志力最後會發揮作用。

一旦成為領導者，經常會遇到被迫做決斷的場面。專斷獨行的話會失去人心；但過度聽從大家的意見，稜角鈍化的話會達不到目標。必須擁有堅定的**中心思想**、**宏觀**的視角，對自己真正想做的事迅速做出判斷。並帶著非比尋常的**決心**和**覺悟**向大家說明。

偶爾也會需要果斷地改變方針、勇敢地撤退。即使是這種情況，只要判斷的標準不變，成員的反彈就會減少，而能再度施展領導能力。**意志力**正是其源泉。

最初的一步　**認 真 率 先 示 範**

　　在領導能力方面，**Passion**，也就是懷抱熱情和決心全心投入，與技能幾乎同等重要。因為假使領導者沒表現出認真的態度，大家會擔心「老實人吃虧」而不願跟隨。

　　為此最好的方法就是自己**率先示範**。比方說，如果你想讓辦公環境變得整齊清潔，自己就要先開始打掃。即使沒人感謝你，即使打掃乾淨後馬上被人弄髒，也絕不抱怨。

　　如此不計較得失、傻傻地持續做下去，總有一天肯定會出現主動表示「我也來幫忙」的追隨者。如果能這樣就太好了，就請對方加入，一起分享你的熱情。要一直做到所有人都願意加入為止。首要之務是**自己對自己發揮領導能力**。建議各位從這裡開始做起。

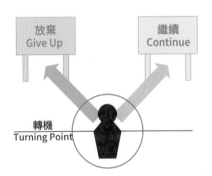

Skill / Passion

技能　經驗　熟練

×

熱情　信念　決心

放棄　Give Up　　繼續　Continue

轉機　Turning Point

相關技能　**按 部 就 班 地 推 進 工 作**

21 管理　如果用領導能力點燃了團隊的熱情，而管理卻沒有鋪設好通往實現的道路，願景很可能淪為幻夢。

23 追隨力　領導能力要有跟隨者才能實現。練就追隨力，對領導能力的理解會更深入。

25 賦予動機　讓人想要追隨是領導能力的本質。如何讓成員對什麼事產生動機？賦予動機的知識和技能對有效發揮領導能力不可或缺。

在那種領導者（上司）底下沒辦法做事。在你對上司如此絕望放棄之前，先試著檢視自己的追隨力（是不是好的部屬），如何？也有人說，團隊的力量取決於追隨力，而不是領導能力。如果練就追隨力，說不定關係會變得更好。

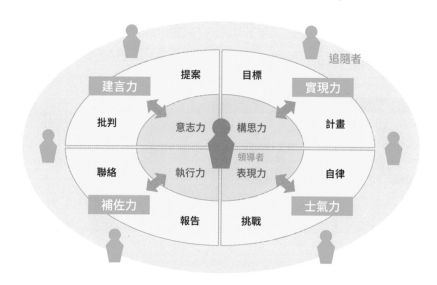

基本思維　　**主 動 支 持 協 助**

　　為實現組織的目標而支持領導者，我們稱這樣的能力為**追隨力**。沒有**追隨者**的配合與無私奉獻，領導者高舉的願景不會被實現。兩者的交互作用是決定組織實力的關鍵因素。

　　為此，追隨者必須**願意**輔佐領導者，**主動**為團隊做出貢獻。換句話說，追隨者的領導能力，和受其支持的領導者的追隨力，是組織營運的關鍵。

技能組合　有四股力量支撐著領導者

實現力　領導者揭示的願景好比一面軍旗。要依照**管理金字塔**將任務拆解開來，否則無法制定出可行的計畫。準確理解領導者的意圖，並落實為每一個人的具體行動。這是追隨力很重要的功用。

願景愈具創新性，便愈無前例可循。需要跳脫過去的經驗和想法，制定**具有企圖心的計畫**。對於領導者頻頻拋出的無理要求和朝令夕改，也必須靈活應對。

偶爾發生預料之外的情況和追隨者間的衝突（P142），也會需要當場做判斷。要謹記著回到願景的意義，從對整體最佳的角度做判斷。追隨者的管理能力掌握了具體實現願景的關鍵。

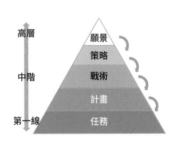

士氣力　如果是一群等待指示的人，領導能力無法滲透到末梢，使得願景難以實現。唯有每一位追隨者積極挑戰自己提出的目標，困難的願景才會實現。為此能派上用場的是 **SMART目標**。SMART是由拉伸的、可測量的、可達成的、實際的、有期限的英文字第一個字母所組成。

必須真心對領導者所談的願景產生共鳴，才會去挑戰稍微高出自己能力的目標。這麼一來，才會將領導者的夢想**當作自己的夢想**，覺得「我也想一起做」、「我現在不做，什麼時候才有會有人來做」。

如果領導者的工作是要鼓舞追隨者，那麼將它轉化為幹勁就是追隨者的職責。當兩股力量緊密結合，產生協同效應時，團隊就能發揮最大的力量。

S	Stretch	已拉伸的目標
M	Measurable	成果可測量
A	Achievable	可達成的
R	Realistic	實際的
T	Time-related	有期限的

輔佐力　**輔佐**領導者的是追隨者。「將負責的工作分毫不差地完成」本身就很出色的輔佐。有對自己的工作

負責、全心投入的追隨者，領導者才能放心交付任務。對於領導者很難注意到的瑣碎雜務也要積極看待。

與領導者密切溝通也很重要。具體來說，必須積極進行**報告、聯絡、商量**。領導者覺得不妥、刺耳的話更要傳達，才是真正的輔佐。

如果還能不落痕跡地彌補領導者不周之處、代勞部分工作，便無可挑剔。要做到這一點，需要得到領導者的**信任**。以成為領導者的好夥伴為目標持續貢獻的態度，與信任感息息相關。

建言力 無論多麼優秀的領導者都不是完美的，有時會出錯。透過**建設性的批判**和**建言**，主動協助領導者做決策，而不是唯唯諾諾地聽從指示，也是追隨者的職責。

比較容易做的，是提供領導者資訊作為判斷的**論據**。其中，第一線的真實聲音對領導者來說尤其珍貴。判斷的結果會帶來怎樣的情況？將自己**歸結**的結論呈報上去也是一招。提出**替代方案**，盡量讓領導者可以與其他選項做比較也是一個好方法。不論採取何種做法，都要從領導者和追隨者雙方的視角去思考，否則建言無法打動對方。

有時，領導者會聽不進你的意見。即使不滿，可是一旦定案就必須遵從。在那之前竭盡所能、不遺餘力才是優秀的追隨者。

批判力(主體性)

	高	
孤立型		模範型
破壞者		**合作者**
	實務型	
低	**實踐者**	高
逃避者		從事者
消極型	低	順應者

貢獻力(積極性)

R.Kelley

過去 ⟶ 現在 ⟶ 未來

Input	替代方案	Output
數據		預想
實例		影響
論據 觀點	構想	擔憂 **歸結**
概論		風險
專家		權衡

建 立 互 相 信 任 的 關 係

想要發揮追隨力的朋友，第一步應當做的不是輔佐領導者和呈報意見，而是贏得領導者深厚的信任。為此應該怎麼做呢？

根據山岸俊男的說法，信任有兩種。一是**對能力的信任**。這受到你穩健地完成交付的任務且不辜負期待的程度左右。簡言之，就是在叨叨絮絮之前「先在自己的工作上留下成績」。

另一種是**對意圖（目的）的信任**。如果你努力工作只是為了升遷或金錢，便無法得到信任。意思就是看你是否對領導者指出的方向或組織的願景深感共鳴，為夥伴、為顧客、為社會而努力。

如果能贏得這兩種信任，無疑就是領導者的親信，可以大展身手。首先就從全力完成交付的工作開始，如何？

對能力的信任　　對意圖的信任

沒辜負大家期待的程度　　對組織的願景有多少共鳴

成果未達成　　拍馬逢迎

光說不練　　私利私欲

追隨者信任領導者　　領導者信任追隨者

相關技能　**讓 組 織 有 效 率 地 運 作**

21 管理　追隨者的工作很多部分與管理重疊。如果組織的規模很大，追隨者中有人能適當地管理組織的話，領導者就能專心致力於領導，幫助很大。

22 領導能力　了解領導者的思維和心情，就會清楚該如何追隨，精進自己的能力。

32 報聯商　追隨力簡單易懂的實踐之一就是報告、聯絡、商量。報告、聯絡、商量每一樣看來都很簡單，但卻是高深的技能。

24

打造團隊
打 造 如 磐 石 般 團 結 的 組 織

> 每一個人都熠熠生輝,充滿發自內心的喜悅,瀰漫著團結一心的氛圍。在這樣的團隊裡工作是無上的幸福。這並非偶然完成的,而是所有人合力創造出來的。一起來學習打造團隊的技能,思考「我能對團隊做什麼」吧!

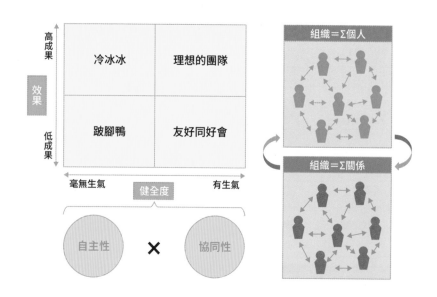

基本思維 | 將 群 體 培 育 成 組 織

並非只要人聚在一起便自然組成團隊。為了讓一群人作為一個團隊發揮功用,有目的地發動這一群人就稱為**打造團隊**。就是讓群體(Group)變身為組織。

團隊要講求**效力**和**健全度**。必須打造出能夠將工作當作自己的事,團結一心共同努力的團隊。為此,有必改變人和改變彼此的關係,創造出良性循環。

| 技能組合 | 在 團 隊 的 元 素 上 下 功 夫 |

磨合　集群體要經過一定的過程才會變成團隊（塔克曼模型）。 如果能提早整頓渙散的個體使其方向一致，便能加速這個過程。為此，最重要的是**目標**。必須為行動和成果設定目標，並讓所有人明白其意義。在其次重要的**任務**方面也是如此。

　　同時，要制定規則和行動方針等的**規範**。也不可忽略有助於共享一個空間和時間的**氛圍營造**。除此之外，只在團隊內通用的用詞用語等**文化**面上的措施也很有效果。不論何者，只要是全體參與創造，不是單方面強行推動，認同感就會不一樣。

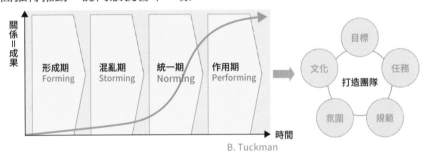

B. Tuckman

忠誠度　要培養對團隊的依戀，提高一體感，不可缺少三要素。一是，團隊揭示的願景成為每個成員的**願景**。要做到這一點，光靠理智理解並不夠，必須能夠發自內心對願景有共鳴才行。

　　第二，對團隊的貢獻得到周遭人的認可，能實際感受到成長。如果感受不到**意義**或值得付出努力，就不會想為團隊全力以赴。

　　第三，可以互相信任、自在的**關係**。這是建立在**心理安全感**之上。以活動的方式來增進這三要素雖然效果不錯，但日復一日勤勤懇懇地下功夫才是關鍵。

溝通　打造團隊不可欠缺**討論**。要依

三種模式循序漸進。首先是分享經驗和感受、有助於互相了解的**會話**。這是以交流和分享為目的的溝通。

　　一旦藉由談話打好基礎——關係，就輪到**對話**出場，以探究彼此重視的價值和所從事活動的意義。尤其是成員多樣性高的團隊，理解每一個人是「依怎樣的原理原則採取行動」很重要。

　　如果在這樣的基礎上再就彼此的意見和要求進行**議論**，便能夠做有建設性的討論。相信不會發生導致關係出現裂痕的嚴重對立和糾葛。

　　各種模式所需要的技能有少許不同。必須能正確地區分使用。

決策　　如何做決策以解決團隊面臨的問題，也是打造團隊不可缺少的要素。這時，決策的**品質**、對結論的**滿意度**、投入的**資源**三者必須取得平衡才行。

　　比方說，由優秀的領導者專斷地做決定，就算決策品質很高，但團隊的滿意度會下降。反之，如果以團隊合議的方式決定，滿意度便很高，但會花費的資源相當大，不得不視狀況靈活運用這兩種方式。關鍵在於事先讓成員們都了解決策的規則。

　　如果是前者，領導者必須承擔**結果和說明的責任**；後者的話，**催化引導者**的技巧會是決定性因素。不論何種方式，務必事先建立一旦決定就要團結一致採取行動的規範，否則會步調不一。

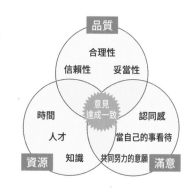

最初的一步 打造無所畏懼的組織

　　很遺憾，打造團隊沒有魔法棒。日復一日腳踏實地地耕耘才會開花結果。Google公司已肯定心理安全感是「影響團隊效力最重要的因子」，不妨就從增進**心理安全感**做起吧！

　　所有人都有「不管對任何人說什麼這地方都會包容」的感覺，即是心理安全感。有了它，就能安心投入工作。徹底發揮自己的能力和個性，創造出高度成果。不但如此，還能感受到工作的意義和與夥伴同心一體之感，人才的留才率也會提高。

　　要增進心理安全感，就必須消除「別人是不是覺得我無知、無能、礙手礙腳、很消極？」的不安感。

　　這種不安。要做到這點，傾聽、對等地發言、不露出漠不關心的表情這類平時的交流互動是關鍵。領導者和資深成員率先身體力行很重要。

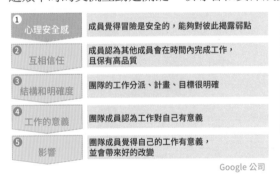

Google 公司　　　　　　　　　　　　A.C. Edmondson

相關技能　將團隊力量提升到極致

19 催化引導　會議是組織的縮影，看開會的情形便知道團隊的問題。改變會議將能改變團隊。

25 賦予動機　點燃每一個人的動機使其發展成巨焰的努力，對打造團隊少不可少。

50 學習　團隊一旦形成，打造團隊便沒有終止的一天。人和團隊都要經常新陳代謝，否則終將陳腐化，難以發揮團隊的功能。為防止這種情況，不可缺少的是學習能力。

賦予動機
將幹勁提升到極致

希望部下能對工作更有熱忱。沒有上司不這麼盼望著。然而，幹勁是個人的心理問題。實際情況恐怕是上司不知該如何抑或是從何處著手，只能選擇旁觀。讓我們試著掌握提升幹勁的技能，打造洋溢生氣的職場環境吧！

委託業務時

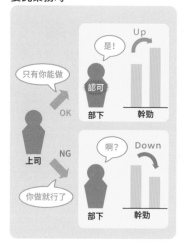

結束提出時

基本思維 | **賦予動機引出意願**

　　人在採取行動時的**動機**（原因、理由等）和**意志**叫做**Motivation**。要竭盡所能引出個體擁有的力量，最理想的就是賦予與當事人的個性和狀況相符的動機，盡可能提高他的幹勁。

　　為此，必須學習與動機形成有關的眾多理論，並能夠具體在如交付工作的方式、邀約的方式上下功夫。這裡將為各位講解在人際關係中提升他人幹勁的技巧。

技能組合　　**依 對 象 和 狀 況 賦 予 動 機**

增強欲望　動機形成的因素因人而異。可以透過觀察、調查和對話來了解。如果能依據因素下功夫，或是建立增強動機的機制，就能提高動機。

這時會派上用場的是包括馬斯洛的**需求層次理論**在內的動機形成理論。五種需求之一的自尊需求又稱作**認同需求**，是近年受到各方關注的重要因素。

然而，欲望會根據情況而改變，即便是同一個人。搞錯因素的話，有時反而會使幹勁降低（**侵蝕效應**）。需要有能力認清幹勁的開關。

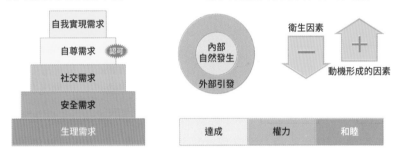

自我實現需求	內部 自然發生	衛生因素
自尊需求（認可）	外部引發	動機形成的因素
社交需求		
安全需求		
生理需求	達成　權力　和睦	

提高利益　V.H.Vroom等人的**期望理論**中認為，幹勁是由**誘因**（目標的吸引力）、**工具**（引發行動和達成）、**期望**（達成的希望）三者交互作用決定的。採取如提高目標的價值、找出有效的做法、增加成功機率等的對策，幹勁就會提高。讓人明白那件事值得挑戰和有勝算很重要。

話雖如此，如果不能保證努力會有相應的回報，幹勁不會上升。他者可以作為一個判斷材料。公平地就成果給予評價並提供適當的獎勵，將有助於提高幹勁（**公平說**）。只不過，公平的感受是主觀的，必須先記住這一點。

誘因 × 工具 × 期望

自己　　　他者

增加自信　只是照別人說的去做，動

機不會提高。自己設定目標，或是主動爭取工作，累積自己動腦思考、採取行動的經驗。這樣做，幹勁和自信就會慢慢增強。

重要的是提高**自我效能感**，相信「自己的能力足以順利完成任務」。為此，最好的方法是製造小的成功經驗或模擬（替代）經驗。如果能就此稱讚自己「不簡單！你很努力了！」，大肆予以肯認，幹勁就會提高。

覺得「我無法控制這種情況」而放棄，稱為**習得性無力感**。不能讓成員有這種感覺。如果能讓成員懷抱「自己的人生要靠自己開創」這種**自我決定感**，將對動力提升有很大的幫助。

只要我願意就能做到
我是很棒的人
我受到大家的倚重
我有能力做自己的事
我能幫到大家的忙
我是無可取代的人

促進行動 提升動力的一個目的是促使對方的行為改變。為此，行為分析學是採取**強化**的做法。比方說，假設對方偶然間做了我們所期待的行動。如果能馬上做出誇獎之類的正面反應，對方重複同樣行為的可能性就會增高。這是很便利的方法，即使找不到幹勁的開關也能使用。

也可以拿比對方更好的成績向他炫耀，給他一個競爭對手。他就會因此想要更加努力。這叫做**社會助長**。

幫對方做某件事，讓他產生「必須回禮」的心情（**互惠性**）也是一個辦法。還有**比馬龍效應**，即透過對他人抱持期待來產生一如期待的結果。總而言之，對方是否有動力，和我們對待他的方式也有關係。如果能這麼認為，那麼一定有些事是我們能做的。

他人	自己	他人
行為	好的反應	反覆
行為	優越	對抗
行為	貢獻	回報
行為	期待	努力

最初的一步 　**表達感謝的心意**

　　對提升幹勁不可或缺的是「讚美」。然而，讚美是看似簡單其實很難的技能。除非累積一定的訓練，否則無法按照對象和狀況調整讚美方式。因此我要推薦大家的是說「謝謝」（Thanks）。感謝、讚美、肯認等，全部都能藉由這一句話來傳達。

　　雖說如此，但如果不明白要感謝什麼、為何要感謝，會給人敷衍的印象。訣竅是先特別指出要感謝的行為，具體說明理由和感受，之後再誠心地表達感謝之情。

　　將它系統化的就是**感謝卡**和**感謝貼圖**。朝會時互道一聲「謝謝」也是不錯的方法。兩者都獲得許多企業採用，在動力和忠誠度的提升上已獲得實際成果。也對了解每一位成員的幹勁開關很有幫助。

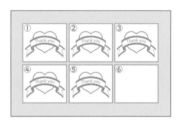

相關技能 　**持續開發幹勁**

12 從旁輔導　如果能知道夢想和目標，以及實現的方法，幹勁自然會提高。在點燃幹勁上，從旁輔導是一種有用的方法。

24 打造團隊　我希望各位結合提高個人幹勁一起使用的是，增強團隊整體士氣和凝聚力的技能。打造團隊若不成功，個體好不容易提起的幹勁就會空轉。

26 人才開發　要成為一個專家，需要投入大量的時間。為免中途氣餒，維持和提升自己成長的動力很重要。

26 人才開發
增進能力，培育人才

> 培育人才在任何時代都是最重要的經營課題之一。然而它需要時間，而且不會立即顯現成果，因此往往會被推遲。也沒有機會學習要如何培育人才，只能依樣畫葫蘆地邊看邊做。為了讓個人和組織持續成長，人才開發的技能必不可少。

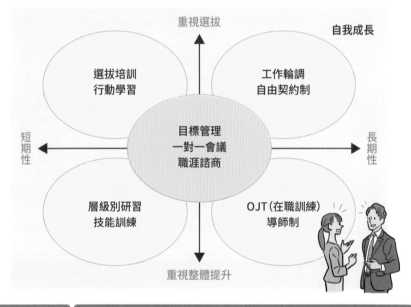

基本思維　**開發個人能力**

　　努力幫助個人提高知識和技能以提升工作績效，稱為人才開發。其目的除了培養年輕一輩之外，同時也要讓公司員工所擁有的力量能夠徹底發揮。

　　人才開發主要由人事部門企畫和推動。為此應當具備一些專業技能。這裡將介紹有助於在工作單位進行人才開發（主要是管理階層需要）的一般工作技能。

> 技能組合　　**在 工 作 單 位 培 育 人 才**

職涯發展　公司裡有各種與人才開發相關的制度，妥善地運用這些制度正是實務現場的工作。其中，**工作輪調**的時機和人選對人才養成和工作熱情的作用力尤其大。一旦判斷錯誤，最糟的情況會導致離職。**導師制度**也需要謹慎地判斷，因為由誰擔任導師將對職業生涯造成莫大影響。

此外，**一對一會議**亦是重要的人才開發機會。掌握從旁輔導和職涯諮商技巧的話會很方便。如上所述，人才開發的機會很多。必須時時關注每個人的認知和態度。

OJT　在職訓練（OJT：On-the-Job Training）是人才開發核心的重要活動。「看著別人怎麼做就學著做」或「偷學技術」並不算是OJT，OJT是有計畫且參與者帶著主體性進行的活動。為此，必須學習包括**四階段指導法**在內的指導法。能否在照顧對方感受的同時，給予有效的**回饋**尤其關鍵。

依據對象靈活運用委任、點燃、指導、命令四種方式進行教學也很重要。在這麼做的過程中教學相長才是OJT。

團體研習 在工作單位以外地點做訓練（Off-JT：Off-the-Job Training）的典型就是團體研習。負責企畫研習活動並運作的是人事部門，需要具備**教學設計**和催化引導的技能。

在實務現場，重要的是確實賦予人動機並派去受訓。要讓人對研習主題產生興趣，並理解與自己負責的業務間的關聯性。

更重要的是研習後的追蹤。除了重溫研習中所學的知識和技術，還必須製造在實務現場實踐所學的機會。如果實踐得很順利，就能得到自信和滿足。同時提高下一次參加研習的意願。

也就是說，Off-JT必須和OJT搭配一起思考，否則無法順利發揮作用。為免研習淪為只是單純的喘息時間，派人參加研習這一方的態度很重要。

Ⓐ	**注意** Attention	感覺好像很有趣
Ⓡ	**關聯** Relevance	將來可能有用處？
Ⓒ	**自信** Confidence	實際嘗試之後成功了
Ⓢ	**滿足** Satisfaction	好在有嘗試

M.Keller

自我成長 自己主動去學習的自我成長，也是人才培育必不可少的一種方法。近來，上網、收集資訊、聽講座、參加工作坊的風氣很盛，任何人都能輕鬆地進行自我成長。至於具體的技能，第六章所談的**知性生產技能**，全部都能派上用場。

企業方需要建立支持員工自我成長的制度和環境，如費用補助等。話雖如此，但不能強制，充其量就是當事人用私人時間自主進行。要以間接的方式推動，如提供資訊和機會、自己帶頭示範予以刺激、鼓勵。

重點是要對當事人的活動表示關心，以及將習得的知識和技能活用在工作上。若能藉由這麼做肯定部下所做的事，保證部下會益發努力自我成長。

最初的一步　發揮優點

部下一點都沒長進，不管怎麼說他就是依然故我……。我感覺有此煩惱的朋友多半是採取改正當事人的缺點或不擅長之處的做法。

當我拿以下兩個甜甜圈的圖給人們看，多數人都會去注意缺口的部分。我們的天性就是會去注意不足或缺陷，常常會想要把它變完整。然而，對象如果是甜甜圈還好，要是人的話，可就非同小可。不論怎麼努力情況都依舊，而且當事人還會陷入自我嫌惡。

不妨轉換想法，從長處或擅長的事做起，如何？發揮優點的方法比較能激起當事人的熱情和自信。OJT在給予回饋時也是，不要一開始就指出缺點，盡量先從正面的話說起：「OO做得非常好。如果能夠△△會更好」。只是稍微換個講法就能完全改變對方的印象，進而萌生幹勁。

回饋要點

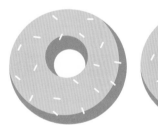

①體諒對方
②先說正面的話
　・強→弱
　・成功→失敗
　・擅長→不擅長
③具體陳述看到後的感覺
④委以任務予以鼓勵

相關技能　一生持續成長

27 職涯規畫　想幫助部下掌握OO能力。即使你多麼想這麼做，但如果那項能力對當事人追求的職涯來說非必要，他根本不會感興趣。缺少職涯規畫，人才開發無法發揮功用。

42 閱讀　第六章的知性生產技能對於自我成長全都不可或缺。其中，閱讀是CP值最高的方法。

50 學習　與學習相關的各種理論是人才開發的基底。「學習如何學習」不僅對工作不可或缺，對度過充實的人生也必不可少。

職涯規畫

設計職業生涯

你現在的工作是什麼？你真正想做的工作是什麼？為了實現它，你每天付出怎樣的努力？假使你不知如何回答這些問題，也許是你尚未找到要傾一生之力投入的畢生志業。對於這樣的朋友，我要推薦的是職涯規畫的技能。

職涯定錨		
	專業能力	想在自認擅長的特定領域發揮專業能力
	一般管理	想要好好經營一個組織，達到組織的期待
	自律、獨立	想要不受制於組織，依自己的裁量和步調做事
	保障、穩定	不喜歡變化，想要穩定、逐步地參與一個組織
	創造性	不畏風險，想像創業家那樣開創新事物
	服務、貢獻	希望透過工作為建造社會和救濟他人做出貢獻
	純粹挑戰	想挑戰解決難題、在競爭中獲勝
	生活方式	希望兼顧工作、家庭、自我實現等

E.H.Schein

基本思維　**自 己 的 職 業 要 靠 自 己 發 現**

職涯一詞指的是職業上的經歷和經驗。不任由公司決定，積極地自行設計即是**職涯規畫**。可以說是職業面向的生涯規畫。它不外乎就是自我探問：「我真正的職業是什麼？」

進入人生百年的時代，在就業流動性增加和工作方式多樣化之中，不分老少，所有人都需要職涯規畫。這對工作生產力的提升和動力提升都有巨大影響。

技能組合　積 極 地 自 行 設 計 職 涯

了解自己　了解自己是思考職涯的基礎。即探索喜歡／不喜歡、擅長／不擅長、嗜好、思想、行為特質等以認識自己。為此，已開發出檢核表、提問、卡片、遊戲等的工具。在妥善靈活運用這些工具的同時，還需要深刻的自省能力。

此外，回顧過往的工作和人生也不可少。這部分也已開發出許多手法。如果以工作坊形式進行對話，會有意想不到的發現。透過這些活動來探索自己，找出在職業選擇上最想珍視的價值（職涯定錨），是職涯規畫的起點。

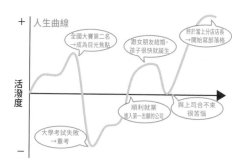

職涯願景　仔細了解自己之後，下一步就是基於那了解描繪自己追求的目標和應有的樣貌。可以從 **Will**（願望：想做的事）、**Can**（適性：能勝任的事）、**Must**（旁人的期待：必須做的事）三個角度去分析。如果有滿足這三項的工作，那很可能就是你想用一生追求的畢生志業。

如果順利描繪出「我想成為○○」的職業或工作類型，就要設定職涯願景（終點）和期限。即使沒設定好，只要使命（我想為了○○而做）和價值（我希望在工作中能重視○○）很明確就沒關係。作為選擇職業的依據，兩者都很有幫助。

職涯計畫 職涯的目標一旦確定，就要發展成具體的計畫（職涯計畫）。為此，必須調查怎樣才能從事那項職業？要達成此目標需要哪些資源？

在資源中，知識和技能很重要。必須一面培養工作所需的基礎能力，一面增進該項職業的**專業能力**，否則無法實現目標。制定**技能提升**計畫很重要。

我希望各位要同時思考的是建立**人際網絡**。不論調單位或換公司，想得到自己期望的工作，人脈會很有幫助。其中，被稱為「**弱聯繫**」（P225）的小連結在轉換職業時尤其能派上用場。

這些計畫如果是從現狀往上堆疊則沒有意義，一定要採取從目標**回推的方式**制定計畫。**時光機法**是最合適的以倒推方式制定計畫的工具。

時光機法

三年後	五年後	十年後
擔任公司內從事顧問類工作的人的助理	在公司內從事顧問類的工作	以顧問身分獨立創業
參與自家公司的業務改革活動	領導自家公司的業務改革活動	在業務改革上擁有個人的專業知識
學習經營所需要的一般性知識	掌握經營所需要的一般性技能	擁有公司經營所需要的實用技能
能籌措一百萬圓的創業資金	能籌措五百萬圓的創業資金	能籌措一千萬圓的創業資金
在公司外建立約一百人的人脈	在公司外建立約五百人的人脈	在公司外建立約一千人的人脈
定期透過 SNS 等發表自己的想法	獲得許多人追蹤，收集話題	出版處女作，收集話題

生活方式 職涯發展是長達一生的活動。一個不小心就會忙於雜事，使得計畫落空。為防止這種情況發生，預先設計自己的人生（生涯）很重要。**生涯彩虹**是最好的方法。要花多少時間扮演什麼樣的角色？它對於思考自己的生活方式很有用。

可以的話，先規畫一週或一天的時間分配。這麼一來就能確保提升資歷、發展能力所需要的時間，並有助於**生活與工作取得平衡**。

這些計畫做完就擱著，終究是毫無用處。必須順應環境的變化經常修正才行。

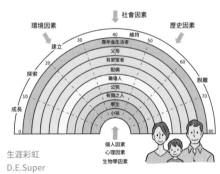

生涯彩虹
D.E.Super

　有 效 利 用 巧 合 的 力 量

如果有朋友對這裡介紹的做法猶豫不決，建議使用J.D.克倫伯特茲（John D. Krumboltz）所提倡的**計畫性巧合**。就是當預料之外的狀況發生，如突然調職、公司倒閉，利用巧合的力量發展職涯的想法。又稱作**職涯漂移**。重點是不只是等待事情發生，而是有計畫地設計偶然的機緣。

一般認為，巧合容易發生在對新事物保有好奇心、能夠持續努力、正面思考、具有彈性、敢於冒險的人身上。正所謂「機會是留給準備好的人」（路易.巴斯德）。

但這並不意謂著不需要目標和計畫。只是不要被它們綁住。要確實保有自己的判斷標準，否則就只是隨波逐流。規畫和漂移兩相結合是明智的做法。

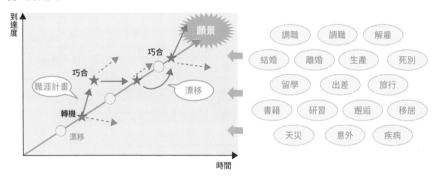

相 關 技 能　讓 人 生 更 加 充 實

26 人才開發　從組織的立場來看，職涯規畫屬於人才開發的一環。而從個人的角度來看，有效利用人才開發的制度對職涯發展至關重要。

36 時間管理　有關職涯方面的舉措是一大要務。為免因為一些緊急任務而往後延，需要做好時間管理。

47 建立人脈　不僅是計畫性巧合，人與人的相遇在生涯中同樣扮演很重要的角色。建立並培養充沛的人脈，將豐富你的工作、事業以及人生。

28

全球化人才
在異文化情境下完成工作

被問到「全球化人才需要的技能是什麼？」，我想多數朋友想到的都是英語。外語能力確實不可或缺，但難道只要會說英語就可以在全世界大展身手嗎？除了學好外語之外，還要學習什麼才能因應全球化的時代呢？

企業面對多元化的作為

抗拒	同化	尊重多樣性	分離	整合
抗拒	就業機會均等	尊重	視差異為有價之物	多元化管理
拒絕差異	使差異同化	尊重差異	短期、局部地讓差異與工作成果扣連	長期、全面地有效利用差異
	忽視差異	以組織中存在差異為目標		帶來競爭優勢
	防衛式	維持聘用式	順應市場式	策略式

谷口真美

基本思維　妥善因應多樣性

　　一般而言，能夠活躍在國外職場上的人便稱為**全球化人才**。近來，即使在企業內部，因人才聘用日益全球化，也開始需要能夠妥善管理外國人的人才。

　　全球化人才所需要的技能，全是在多樣性高的情況下從事商業活動必不可缺的技能。如果擁有這些技能，也能應用在其他**多樣性**的推動上，如女性活躍、身障者就業、LGBT等。

| 技能組合 | 與不同文化背景的人共事 |

跨文化理解　在國外工作要從跳脫**文化中心主義**，理解彼此的思維做起。比方說，語言在溝通中的重要性因國家和民族而有很大的差異。這是最需要注意的一點。

責任感、時間觀念、對角色的認知、情感表現等，**工作的思維**和**習慣**也不同。要先記在腦中，有時會需要遷就對方。手勢、肢體語言等的**非語言訊息**也一樣。要了解他人，必須先了解孕育他的文化。

重要的是排除預作判斷、偏見，原原本本地接納差異。即使在自己看來有違常理也要想說「好吧，或許也有那種可能」，如果沒有這點彈性，將無法應付多文化的情境。

跨文化溝通　低情境狀況下的溝通，**說明能力**很重要。就算再怎麼精通外語，如果不能以合乎邏輯且**明確主張**的方式說出自己的想法，便無法獲得他人理解。

同時要真誠地傾聽他人，暫且不做評斷，努力同理並尊重他人的想法。雞同鴨講時，最要緊的是傳達彼此的前提和意思。

有些時候也會因為對方難以理解而幾乎要放棄。但即使在彼此不能互相理解的前提下，也要堅持不懈地持續對話，以求能稍微互相理解。一定要有這樣的**能量**和**魄力**才行。最後就看你有多麼相信語言的力量。

跨文化衝突管理　在國際談判等

的跨文化情境中，彼此的文化框架互撞，會產生大大小小各種**衝突**（對立、糾葛）。保持鎮靜，努力分析和理解彼此的差異很重要。

片面強迫別人接受自己的前提和常識，討論也不會有進展。互相尊重彼此的前提，並就彼此堅持的程度進行對話才是明智的做法。為討論設定新的前提和目標，共同貢獻智慧，以便找出能**讓雙方滿意度達到最高的方案**（Win-Win）。這就是**整合式談判**的基本思維。

不過，雙方如果沒有互信基礎，這招便不管用。過於正直固然令人困擾，但要懷著敬意誠懇地面對對方，**公平**地對話。就結果來看，這樣的態度會見效。

Thomas & Kilmann

多文化共生管理　如果想要更進一步成為**全球化的領導者**，就必須能夠管理一個多元文化的組織。為此，以領導者的立場對多元化傳遞出的訊息便很重要。

揭示的訊息會體現在用以發揮多樣性的制度和規則、業務流程和工作方式上。不過，實際運用的是在第一線工作的人員，因此**人才培育**和**賦予動機**掌握了關鍵。或是提供資訊，或是設置可以對話的空間，要持續謀求知識、技能和意識的改革。

過程中會發生許多問題。並且必須迅速地回應世界局勢。如何解決既是領導者的本事，同時也會傳達出一種訊息。多元化沒有盡頭，它將考驗著領導者**認真**看待它的程度。

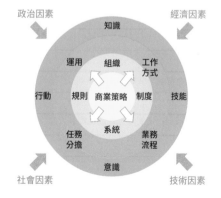

最初的一步 察覺自己的濾鏡

　　跨文化理解的大敵是**貼標籤**。比方說，聽到「來了一位印度人主管」便覺得「好像很擅長數字……」，就是標籤搞的鬼。我們的腦有根據過去的資訊和經驗瞬間做判斷的傾向。受到**Unconscious Bias**（潛意識偏見）的作用，**以刻板印象去看事情**。

　　要培養捐棄成見、開放的心靈，必須從自覺到偏見做起。比如，讓我們列出偏見形成的各種因素，試著寫出自己有哪些想法吧。客觀地看著那些因素，相信能實際感受到有許多偏見在背後作用著。倒也不必將偏見完全去除。只要牢記著遇事不要武斷、不強迫別人接受就夠了。光是這樣就會讓跨文化理解變得比較容易。

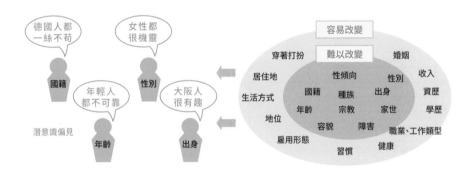

相關技能 組一支具有多樣性的團隊

24 打造團隊　想要將不同背景和文化的人組成一支團隊。為此不能缺少打造團隊的技能。

30 騷擾防治　即便同為日本人，如果強迫對方接受自己的價值觀，或期待對方能心領神會而疏於說明，照樣會發生糾紛。這就是騷擾。可說是跨文化衝突的一種表現。

33 職場英語　全球化人才需要具備外語能力無需贅言。重點不是講話流暢，而是能用英語工作

29 心理保健

確實保持心理的健康

現在這時代，辦公室裡有一、兩位心理健康有狀況的人也不奇怪。所有人都暴露在那樣的危險之中，對於生活在高壓社會的現代人來說，心理保健是無可迴避的課題。除了自己之外，辦公室上上下下都必須培養保持心理健康的能力。

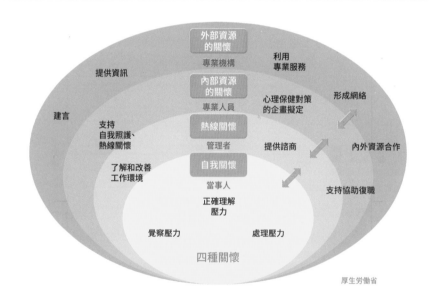

四種關懷

厚生労働省

基本思維 | **以 健 全 的 心 ， 健 健 康 康 地 工 作**

　　保持、增進工作者內心的健康狀態就是**心理保健**。正確理解其機制並妥善採取對策，會使辦公環境更有活力。進而能提高工作的生產力，增加工作的樂趣。

　　要促進心理保健，四種關懷被認為是必要的。在這裡，我將鎖定兩個重點來談，即所有人都需要的**自我關懷**（自己關心自己），和管理者被要求的**熱線關懷**（關心部下）。

技能組合　**對 職 場 壓 力 因 勢 利 導**

處理壓力　壓力有許多因素，有**工作壓力**的因素，如業務量或人際關係等；有**工作以外的因素**，如家庭和生活環境等；有**個人因素**，如性格和年齡等；可減緩壓力的**緩衝因素**也會對壓力產生作用，如與朋友談心和從事嗜好等。檢查自己所承受的壓力和其引起的反應，自己進行**壓力管理**，這就是自我關懷。

減緩壓力有各式各樣的方法，如睡眠、用餐、運動、放鬆休息等，作用因人而異。找到最適合自己的方法好好地處理壓力，就叫做**調適**。不僅自己，如果了解同儕的壓力狀態和調適方法，將有助於打造健全的工作環境。

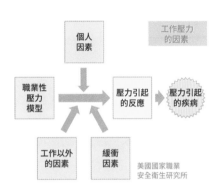

職場環境的改善　任何人都想在舒適且人際關係良好的職場裡工作。應當與此一併考慮的是工作壓力的多寡。一般認為它是由**工作的要求度、工作裁量的自由度、上司的支持度決定**。工作吃重，但裁量權很低，上司的支持度也低的狀態，壓力最大。

也就是說，一面取得這三者的平衡，一面讓做的人對工作的價值感提升到極致，即是熱線關懷的關鍵。具體做法有讓部下參與工作計畫和共享資訊、促進職場內的相互支援等。不是上司獨自思索再單方面地要求部下執行，而是讓所有人一起動腦想點子，藉此提高工作的動力。另一方面，上司也要注意，別讓自己成為壓力的來源。

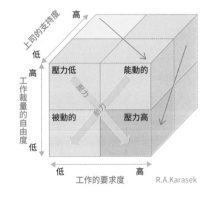

提供諮商 　與抱怨狀況不佳或有此徵兆的人面談，是管理者很重要的工作。首先要確保一個可以靜下來談話的場所和時間，以前傾四十五度角的姿勢，坐在能有視線交會的位置。說明面談的主旨和規定，並確認同意。

談話一旦開始就盡量**傾聽**，不要試圖催化引導或謀求解決。一邊這麼做，一邊**理解對方內心發生什麼事**。除了確認事實，同理的態度是最重要的。還必須密切注意**非語言訊息**。

也要誠實面對自己，如果有「不好意思我沒注意到」、「我真心覺得不安」的情況，<u>盡量直接表達出來</u>（自我一致）。最後問對方今後有什麼願望或是有什麼可以幫忙的事。讓對方知道你隨時準備提供幫助後，結束面談。

沒有傾聽	沒有理解
・談自己 ・說教 ・提解決方案 ・發牢騷	・分析 ・比較 ・批判 ・激勵
・當小事看待 ・片面論斷 ・下結論 ・催促對方說話	・不關心 ・逃避責任 ・束手無策 ・邀約去喝一杯
沒有同理	沒有談話的意義

禁止

協助復職 　偶爾也會有人狀況惡化而不得不休假。對休職者的處理和協助返回職場要很細膩，理想的做法視對象和狀況而異。非專業的判斷是大忌。<u>務必尋求專家或專業機構的建言</u>，密切**合作**才行。

重點之一是休職中、決定復職時、復職後的**溝通**方式。需要積極看待但保持適當的距離，以免造成負擔，這並不容易。

還有一點是，復職後要安排什麼樣的單位和工作。也要考慮當事人的志願和適性與否，從**暖身**到正式上場，必須有計畫地進行。當然，復職單位的**事前準備**也必不可少。<u>雙方都穩步前進，不著急，不勉強</u>，反而才是最快的方法。

1. 生病開始休假及休假中的照護
2. 由主治醫師判斷返回職場的可能性
3. 可否復職的判斷和制定復職支援計畫
4. 復職單位最終定案

復職

5. 復職後的後續追蹤

厚生勞動省

最初的一步　早期發現，早期處理

　　找出自己和他人心裡的問題，是心理健康照護的第一步。和所有的疾病一樣，早期發現、早期處理為一切的基礎。

　　為此，覺察能力很重要。當壓力過大，人會出現三種反應：身體的反應、心理的反應、行為的反應。相互影響之下，漸漸會出現一些跡象，如「遲到和缺勤增多」、「簡單的錯誤變多」。這正是求救信號，不可忽略它。

　　話雖如此，但突然問人：「你最近怎麼了？」我也覺得不好。比較好的做法是，仔細觀察發生什麼事，收集到一定程度的資訊後再提出：「有什麼困擾的話，可以說給我聽」。能否順利引出對方的話來要看關係如何。即使無法引出，只是向對方傳達自己一直掛慮著他，相信壓力也會減輕。

身體的反應	心理的反應	行為的反應	有這樣的徵兆嗎？
頭痛 腹瀉 發燒 心悸 呼吸困難 暈眩	焦躁 沒精神 易怒 情緒不穩 抑鬱 注意力降低	不睡覺、睡太多 吃過多 愛說話、過動 喝酒 賭博 生活紊亂	・遲到、早退、缺勤變多 ・簡單的錯誤增加，效率下降 ・工作中打哈欠、打瞌睡的次數增加 ・目光呆滯，感覺很倦怠 ・笑容減少，叫他也不應 ・出現以前沒有的奇怪言行 ・不修邊幅，人際關係不好 ・開始會因為一點小事就發脾氣

相關技能　打造朝氣勃勃的工作環境

12 從旁輔導　從旁輔導是學習諮商所使用的各種溝通技巧的最佳選擇。

14 怒氣管理　怒氣管理對減輕壓力有用。可利用抒發怒氣的方法和鬆綁信念的方法。

30 騷擾防治　因為騷擾而導致心理健康出問題的情況很常見。也有人是因為承受很大的壓力，下意識地騷擾別人。兩者存在無法切割的關係。

30 騷擾防治
防範騷擾於未然

這是一個你不知道何時及會被什麼人指責「這是騷擾（歧視）！」的時代。就算急忙辯解「我沒有那個意思……」也來不及了。不論結局如何，雙方多少都會留下傷痕。對於騷擾，預防勝於一切，為此有些技能應當學習。

種類	定義和舉例
職權騷擾	根據職位等的優勢造成別人肉體上、精神上的痛苦。（舉例）在大庭廣眾之前痛罵、提出過分的要求、故意不分派工作
精神虐待	基於 Moral（道德、倫理）施以精神上的暴力和騷擾，接近霸凌。（舉例）視而不見、排擠、造謠中傷、讓人丟臉
性騷擾	違背他人意願 與性有關的言行 造成他人不愉快和工作上的損害。（舉例）觸摸身體、要求結婚或產生男女關係、利用身分、地位強迫交往
孕婦歧視	對懷孕、生產的女性施以強制性的要求，造成損害和痛苦。（舉例）以懷孕為由強迫離職、妨礙取得育嬰假
性別歧視	有關性的成見和歧視所導致的騷擾行為。包含對 LGBT 族群的歧視在內。（舉例）只讓女性負責倒茶水、嘲笑「虧你是男人（女人）」
酒精騷擾	泛指所有因飲酒而引起的騷擾和令人困擾的行為。（舉例）強逼飲酒、故意灌醉別人、酒醉後說猥褻的話
二次騷擾	騷擾的被害者受到來自周圍（主要是商量對象）的二次傷害。（舉例）鼓起勇氣找上司商量，結果事情傳遍職場

基本思維　消除職場上的騷擾行為

　　造成他人損害和不愉快的行為統稱為**Harassment**（騷擾）。工作場所存在產生各種類型騷擾的風險。不要任憑個人去處理，必須全體企業一起努力預防和面對。

　　有數種技能對防止工作場所發生騷擾行為很有用。若能結合增加與騷擾有關的知識、提高道德觀念、建立制度和規範等的措施一起實踐，效果會更好。

技能組合　　**改 革 工 作 方 式**

改善管理　不當的管理是產生騷擾行為的原因。設定過高的目標，強制員工服膺努力至上主義；強迫別人接受基於偏見的任務分擔；評價不公，只會大小聲……。這種舊式的管理風格正是產製職權騷擾和性別歧視的土壤。此刻有必要檢查一下做法，是否做到**合理的管理**。

　　每個人的負荷容許量和對公平的感覺都不同。對命令的理解，也會因上司和部下的**互信關係**而異。因此不僅要熟悉成員的個性，互動也要謹守禮貌。雖然能理解急於看到成果的心情，但在騷擾橫行的職場，不可能獲得自己期望的成果，必須牢記這一點。

P	・不要設定無視實際情況的過高目標 ・事先確保時間、資金等的資源 ・指示要清楚明確，以免製造混亂
D	・不根據偏見進行任務分擔 ・不要求過度的報告、聯絡、商量 ・交付工作後要適度地關心
C	・明確定出標準，公正地評價 ・評價不只看結果，也看過程 ・不以過度的成果主義要求別人
A	・提建議時要尊重對方 ・不強制奉行努力至上，改變做法 ・不慫恿人追求圓滿

解決問題　我們往往將他人的失敗歸咎於他的能力和性格（歸因偏誤）。將注意力放在能力低落和缺乏努力，成為職權騷擾和精神虐待的根源。況且能力和性格無法輕易改變。問題一直無法解決，雙方的壓力都有增無減。

　　這時會有幫助的是**解決取向**（Positive Approach）。不是問：「為什麼做不到（Why）？」而是一起思考：「怎麼做才會順利（How）？」。只是改變解決問題的途徑，就會讓對方的動力大不相同，並使關係改善。問題才是敵人，不是對方。**責怪行為而不責怪人**，會有助於防止騷擾。

改善溝通　多數的騷擾都是「我明明不是那個意思」這種雙方認知有落差或說明不充分的情況。要防止這種情況，必

須站在「我和對方的常識不一樣」的前提，學習**跨文化溝通**的做法。需要排除**潛意識偏見**，同理對方常識的溝通。也要仔細留意一些不經意的表情和動作。

　　所有騷擾都有一個共同點，就是源自**等級**的差異、彼我權力的差異。自以為「關係良好」是大忌。不可忘記**權力的不對等無時無刻不起作用**。電子郵件等的文字溝通需要同樣的細心。請記住，騷擾也是感受的問題。

壓力管理　壓力一旦增加，人就會想拿比自己弱勢的人出氣。減少工作壓力可以預防騷擾。

　　比方說，藉由重新檢討工作的量和分配來減輕承受的壓力。**ABC理論**（P78）的轉換認知對減輕人際關係的壓力很有用。如果能透過**正念**和睡眠等改善身心的健康狀態，抗壓性就會增強。找到自己紓解壓力的方法也很重要，如做一些輕度運動、找人訴說煩惱。學習**怒氣管理**也是一個辦法。

　　過度隱忍，總有一天它會以攻擊的形式出現。很可能會變本加厲，導致陰險的騷擾行為。在生氣之前，以**自我肯定**的方式把想法、感受告訴對方也很重要。

社會上的排序

種族　性別　規則
年齡　　　　　關係
　　心理上的排序
地位　負擔　　角色
自卑感　心理陰影
學歷　靈性的整體感　經驗
宗教　精神上的排序　知識
容貌　貢獻

脈絡上的排序

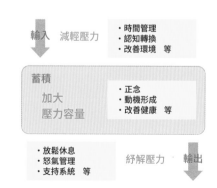

輸入　減輕壓力
・時間管理
・認知轉換
・改善環境　等

蓄積
加大
壓力容量
・正念
・動機形成
・改善健康　等

・放鬆休息
・怒氣管理
・支持系統　等
紓解壓力・輸出

最初的一步　**增加接觸頻率**

　　想和對方更親近，聊得稍微深入一點，結果被說成職權騷擾或性騷擾。但什麼都不講又被說是精神虐待，「到底該怎麼做好呢？」。我想有此煩惱的朋友應該不少。我要建議這樣的人增加「狀況如何啊？」這一類簡單攀談的次數。

　　反覆打照面會讓人的戒心降低，好感度增加。這就是R. Zajonc所發現的單純曝光效應。影響此效應的關鍵在於次數，不是接觸的時間。三言兩語就夠了，總之就是增加接觸，展現善意。而且，善意的互惠性也會發揮作用，讓人想用善意回報別人的善意。相信對方也會增加與你的接觸。

　　只不過，不仔細觀察對方的情況慎選時機的話會適得其反。這種方法沒辦法讓已經很熟的關係更加親密，有必要另覓他法。

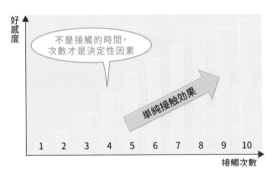

好感度　不是接觸的時間，次數才是決定性因素　單純接觸效果　接觸次數

善意的互惠性

展現善意的人，我們也會試圖對他表示善意

相關技能　**控制情緒**

14 怒氣管理　蓄積在心裡的負面情感控制不住，有時會導致騷擾行為。有這種傾向的朋友，最好從學會怒氣管理做起。

28 全球化人才　文化中心主義是騷擾行為發生的原因。跨文化溝通和跨文化衝突管理會很有幫助。

29 心理保健　身心皆健康有助於防止騷擾。壓力管理的措施對打造健全的職場環境不可或缺。

多元化

超越性別、國籍、年齡等的差異，積極有效運用各種各樣的人才就是**多元化**。為此建立系統和機制就稱為**多元化管理**。如今，它成為企業的經營策略而備受矚目。

推動多元化不能缺少的是跨文化溝通和多文化共生管理。前面介紹的**全球化人才**需具備的技能，應該可以全部用於多元化的各個方面。

再加上很重要的意識改革。有必要改變每一個人的思維和工作方式。需要具備全公司上下一起展開活動的管理能力。

組織發展

提高組織效力和健全度的活動，稱為**組織發展**。這名詞含括與組織有關的所有活動，如打造團隊、從旁輔導、領導能力、催化引導、賦予動機等。

和著眼於個人的**人才開發**不同，其特點在於研究人與人的關係。以關係的改變為起點，慢慢影響到思想的改變、行為的改變及結果的改變（成功的循環模式：D. Kim）。

要推進組織發展，不可缺少**催化引導群體動力**的技能。為此有必要不斷練習。

變革

即使有心想改變公司，也不會就那麼順利。要克服組織的慣性和阻力，應當掌握一個重點。

若要舉例，就是不把經營高層捲進來的話，活動一定受挫。蠻幹是行不通的，要讓他們自己動腦筋思考，否則他們不會想要有所行動。若疏於檢視成果和進度，結果就是雷聲大、雨點小。還有一個將這一類理論整合在一起的架構，名為**變革八步驟**（J. Kotter）。

推動變革需要的技能和組織發展同樣廣泛。若抱著半吊子的心態，沒有人會想要改變，這需要認真力圖變革的決心。

第 5 章

使工作高效進行的
業 務 類 技 能

Introduction

引言

提高工作的生產力

符合時代的做事方式

經商的環境是隨著時代瞬息萬變的。如果不跟著改變做事方法和工作方式，會跟不上時代的腳步。

比方說，昭和年代沒有智慧型手機和網路，是透過室內電話和傳真來工作。全球化聲浪的出現也是平成以後的事。而以最近來說，遠距辦公已大大改變我們的工作方式。

面對這樣的潮流，你也可以堅持「我有我的做法」，負隅頑抗。實際上，確實存在要求祕書將所有電子郵件列印出來的強者。然而，這樣的抵抗不可能一直持續下去。頂多是晚一點順應潮流，或是被迫退場。

生活在這個時代的職場人，有一些必當掌握的技能。比起抱怨，還不如搶先學習，對自己會比較有利。

這裡要介紹的十種業務類技能就是其中的代表。無一不是有助於提高工作生產力的技能。

現在理所當的業務類技能

業務類技能並非全是新穎的東西。也有一些是歷經時代變遷一直為人重視的技能。**職場禮儀**即是典型。說它含括了所有工作的基本並不誇張。

報告、聯絡、商量的技巧亦然。進入遠距辦公的時代，其重要性重新受到肯定。

有人稱英語、資訊科技、會計是職場的三種神器。這裡會介紹全球化時代不可或缺的**職場英語**，和商務工具的主角——個人電腦。兩者都是現在理所當然要具備的技能。不分工作類型，透過電腦**有效運用數據**同樣是必不可少的能力。

　　另一方面，工作的壓力只增不減。不謹慎**管理時間**的話，會落得
「窮忙」一場。一旦疏於**業務改善**，不能持續提高生產力，將無法跟上
時代的腳步。

　　此外，近來短期集中的專案型工作變多。不曉得什麼時候會被指派
去領導一個團隊，若能事先掌握專案管理的技巧會比較放心。

　　況且，在大聲疾呼一切要遵守法規的現在，關於風險管理和防錯方
面，所有人都應當具備一定的素養。

　　恐怕這每一項技能大家都具有一定的程度，但也有可能是樣樣通樣
樣鬆。這或許就是導致工作效率低落的原因之一。藉此機會檢查看看自
己的技能，各位覺得如何？

31 職場禮儀
將做事的常識付諸實踐

談到職場禮儀，大部分的人應該都會認為「那是為了新進員工而存在的東西」。這種說法未必是錯，不過職場禮儀其實凝聚了工作的精髓。若是已能獨當一面的朋友，更是需要好好重新檢視自己的職場禮儀。

頭髮
不要過長，選擇感覺整潔清爽的髮型

臉部
鬍子剃乾淨，感覺爽朗

領帶
避免過鬆、歪斜

外套
不過於休閒，留意縫線綻開

袖口
露出外套約一公分為最佳

長褲
有折線，略微蓋住鞋子

鞋子
好好擦亮，後跟未磨損

頭髮
深色，盡量可以清楚看到臉部

化妝
不過度濃豔，感覺自然

飾品
避免花稍和妨礙工作的飾品

外套
避免過度合身

裙子
坐下時可遮住膝蓋者為佳

絲襪
避免不穿襪子、脫線，選擇膚色

鞋子
低跟包頭鞋是工作場合的基本款

基本思維　**遵守職場的禮儀規矩**

要順利推進工作，必須遵守種種規矩和習慣，統稱**職場禮儀**。從溝通的禮儀到文件製作，涉及許多方面，**待客之道**不過是其中一小部分。

如果不遵守職場禮儀，可能會讓人感到不愉快、不願配合。為避免橫生枝節，建立良好的人際關係，使工作進展順暢，職場禮儀是一項必不可少的技能。

技能組合 　遵照基本原則實踐

基本動作 　服裝儀容決定了第一印象。適合工作的服裝和感覺整潔清爽的髮型、化妝，對於提包、手札等的配件也必須留意。坐、立、行走這一類的日常**動作**和**姿勢**也很重要。作為職場人，如果舉止散漫，會被印上不合格的烙印。尤其是**打招呼**和**行禮**，一再練習練到無可挑剔是應該的。

其次是**遣詞用字**。**敬語**的用法（尊敬、謙讓、禮貌用語）、被稱為**接待語**的慣用表現（如：敝公司）、稱呼他人的方式（如：OO先生/女士）、**開場白**（如：恕我冒昧，P86）等，應當學習的規矩多如山。除此之外，還有適合各種場景的用語，如開始工作、下班時、遲到、缺勤、早退、請假時、復命、報告時等。必須和工作禮儀一併記住。

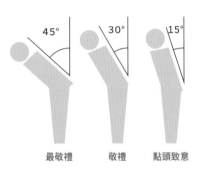

45°　30°　15°

最敬禮　敬禮　點頭致意

溝通 　工作是靠著許多人的溝通互動完成的。培養說、聽、問這一類基本能力自不待言。當中尤其重要的是構成工作基礎的**報聯商**。

除此之外，**會議**和磋商的舉止動作和適合**簡報**的講話方式；從**宴會**和社交會話到**婚喪喜慶**正式場合的應對。有必要學會採用符合情境需要的溝通方式。

同時也不能忘記**外部來電的應對**。如何接電話、講電話、轉接電話、不在時的應對、打電話、掛電話等，要定出詳細的規則。只能多多累績經驗，在過程中將它們一個一個變成自己所有。關於手機也是，如果當作私生活的延伸可會嘗到苦頭，要當心。

☎ 留言字條　受理

月　日（　）AM／PM　：

給：＿＿＿＿＿＿＿＿＿＿＿
＿＿＿＿＿＿＿先生來電
□ 請回電
　TEL（　　　　　　　）
□ 請轉告有來電
□ 會再來電（約　：　）
□ 收到留言

接待、訪問 **待客**之道是職場禮儀中很重要的一塊，接待、拜訪客戶時都會需要用到。如何帶路或導覽、安排座位、上茶的步驟、交換名片的方法、互相介紹的方法等，接待客戶時有多道手續。

反之，自己去拜訪客戶時，同樣有許多小規矩應當記住，如預約的方法、有無準備伴手禮、抵達後到會面的程序、如何提出來意、結束會面的方式等。而且，商談、談判、會議、委託、承攬、道歉等，會面的目的不同，應當掌握的重點也不同。

此外還必須學習應酬時的**待客**之道。除了上述幾點，宴席中還有許多規矩，如舉杯敬酒的程序、對飲的方式等。可不能像平時聚餐喝酒時那樣。讓對方可以毫無顧慮地享受宴席的**會話技巧**也很重要。

安排座位的規則

出入口

❸ ❸
❷ ❷
❶ ❶
賓客　自家公司

商業文書 我們在工作中，不論對內、對外都會使用到許多文件。多半已有固定的**格式**，適當地填寫必要事項，製成文件。然後遵照有關核准（蓋章）、發布、傳閱、附加資料、保存等的規定處理。

不能迅速寫出簡潔且容易理解的文件，工作便無法取得進展。在鍛練寫作能力的同時，有必要先掌握適合商業文書的表現方式和禮儀。最需要的是為閱讀者著想的用心，如先說重點等。

近來，工作上使用**電子信**的機會增多。標題、收件人、問候語、正文、結語等電子信特有的規矩有許多。長信、晚回信、分量過重的附加檔等，只會妨礙工作。

公司內部文件		公司外部文件	
審核所需的文件		有關交易的文件	
企畫書	草案	企畫書	報價單
提議書	報告書	提議書	訂貨單
計畫書	申報表	委託書	交貨單
會簽文件	呈報書	說明書	請款單
資訊共享的文件		禮儀性文書	
聯絡書	議事錄	問候卡	祝賀卡
通知書	規定類	感謝函	邀請函
指示書	表單類	請帖	賀年卡
通告	業務日報	慰問卡	弔唁信

最初的一步	將 簡 單 小 事 貫 徹 到 底

　　工作以問候開始，以問候結束。令人愉快的問候是建立關係的基礎，為工作場所帶來生氣。只要能夠開朗、有朝氣地問好道早，好感度就會上升。周遭對你的評價也會逐漸改變。

　　問候有四個重點。即笑容開朗有朝氣；無論任何時候、任何人；主動、積極；持續不懈。請檢查看看自己是否總是做到這四點。

　　一旦養成習慣，無論如何就是會開始虛應故事，「感謝您」變成「謝啦」，「您辛苦了」變成「辛苦啦」。真正的專業，是無論多麼習以為常都能追求更高的目標，用全新的心情去做。讓我們繼續做下去，直到達到這樣的境界吧！如果能自然地開始交談：「山田先生早安！今天天氣真好。是這樣的，昨天……」就算做得很好。

情境		問候
早晨見到面時	▶	早安
中午見到面時	▶	您好
見到面時	▶	您辛苦了
離開辦公室時	▶	我出發了
回到辦公室時	▶	我回來了
送行時	▶	慢走
迎接時	▶	你回來了
先下班時	▶	我先走一步
對先下班的人	▶	您辛苦了

情境		問候
與人攀談時	▶	打擾一下
找人商量時	▶	方便占用您一點時間嗎？
接下工作時	▶	我知道了
道謝時	▶	謝謝您
有客人時	▶	歡迎光臨
初次見面時①	▶	幸會
初次見面時②	▶	一直以來，承蒙關照
接受委託時	▶	我明白了
道歉時	▶	非常抱歉

相關技能	提 高 工 作 的 品 質

20 寫作　我們所處理的文字資料只會愈來愈多。要是寫不出條理分明易於理解的文章，溝通會維持不下去。

32 報聯商　職場溝通的關鍵就是報告、聯絡、商量。報聯商的技能若能升級，溝通效率就會提高，進而能打造一個訊息通暢的職場環境。

36 時間管理　職場禮儀的一大要素是時間管理。如果開會遲到、延遲交件，會變成大家的累贅。

159

32 報聯商
勤於保持合作

> 不利的消息出不來。事情在檯面下兀自發展。即使工作都集中在一人身上也沒人去幫忙。在這樣的職場裡，別說成果了，人的工作意願會漸漸消失。打破這種局面的就是報聯商。讓我們學習報聯商的技巧，活絡職場的溝通吧！

	What	何事？	內容、對象、要點、課題、議題、要事、結論
報告	Who	誰？	執行者、負責的人、實際做的人、加害者、被害者、對方
聯絡	When	何時？	年度、時期、幾月幾日、時刻、期間、時間、期限、繳納期
商量	Where	何地？	場所、場面、位置、住址、組織、部門、空間、場合
	Why	為何？	理由、依據、原因、目的、意圖、判斷標準、價值
	How	如何？	方法、手段、過程、對策、機制、措施
	How much	多少？	人數、工時、尺寸、重量、預算、費用、資訊量

基本思維　打造訊息通暢的職場環境

　　職場溝通有相當一部分是由報告、聯絡、商量所組成。三者合起來稱作**報聯商**。都是讓工作順暢進行，建立良好團隊合作不可或缺的行為。

　　報聯商並非上司強逼部下去做的事。包括反方向在內，它是工作單位裡所有人自發性的行為。因為其目的是要打造一個「訊息通暢的職場」，就連不好的消息所有人也都能立刻分享。

技能組合　**把 握 時 機 準 確 進 行**

報告　針對接到的指令和受託之事說明進度和結果就是**報告**。做報告最重要的就是**正確**且**誠實**地具體（**5W2H**）傳達事實。加入意見時，盡量與事實分開來敘述。

　　鎖定重點，**簡潔**、易懂、少量、多次地敘說，會比較受聽的人歡迎。為此，要事先準備，將內容**整理**過後再報告，而不是想到什麼說什麼。不用說，當然要先說結論。

　　什麼時候說也很重要。有四個**時機**需要報告。愈是惡劣的消息，愈需要盡早傳達。報告狀況發生時先道歉，再說明事實、原因、如何處理等，不作辯解。要盡可能避免模稜兩可的說辭（如：大概、好像、似乎），這是報聯商的共同點。

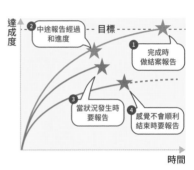

聯絡　將必要資訊告知需要的人的行為稱為**聯絡**。相對於報告是處理過去的事，聯絡則是傳達對未來可能有用的資訊。

　　首先必須思考何時要將什麼資訊傳達給什麼人。不分對象，順手抓到什麼訊息就傳遞出去只會造成別人困擾。報告和聯絡都要站在對方的立場去考慮，這很重要。

　　聯絡的**正確度**也很重要。盡可能長話短說，同時要盡量避免使用抽象的表現方式，或是讓人有詮釋空間的用詞用語。也要小心避免**省略**、**扭曲**、**概括而論**，務必謹記著不要誤導他人。

　　此外，如果有確認訊息是否確實傳達，即可預防「有說/沒說」的糾紛發生。更好的做法是留下聯絡紀錄。

商量 對於獨自無法決定的問題尋求建言、討論解決方案就是商量。在職場上一般都是找上司**商量**。如果能得到有用的資訊，找其他人商量也無妨。假使不太清楚可以商量的對象，就從問人要找誰商量開始。

獨自煩惱沒有半點好處。如果發生不知如何判斷或無法應付的狀況，趁傷害尚淺之時找人商量是明智之舉。臨到最後期限才找人商量的話，只會為難對方。

理想的做法是梳理事實和想法，形成自己的意見或想好要如何解決後再找人商量。互相就談出的結論進行確認後，當事人日後就要實際執行。忘記向提供建言的人報告結果的話，以後他就不會再那麼貼心地幫你出主意。

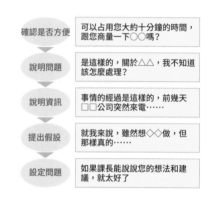

確認是否方便	可以占用您大約十分鐘的時間，跟您商量一下○○嗎？
說明問題	是這樣的，關於△△，我不知道該怎麼處理？
說明資訊	事情的經過是這樣的，前幾天□□公司突然來電……
提出假設	就我來說，雖然想◇◇做，但那樣真的……
設定問題	如果課長能說說您的想法和建議，就太好了

確認 沒認真想過就輕易找人商量的話，即使問題很快解決，但當事人不會成長。如果考慮人才培育，確認會比商量要理想。就是部下提出自己的假設或選項請求上司判斷。這樣能培養部下的主體性。因此我把商量換成確認，取確認、聯絡、報告的第一個字，簡稱**確聯報**。

確認原本就是各種場面都用得到的重要能力。用法如：核對收到的指令和上司的意圖；確認自己沒有把握的想法是否妥當；請人檢查工作的結果是否一如預期等。

想要貼心地主動攬下工作時也先確認「方便的話，要不要由我來○○？」的話，可減少不必要的誤會。養成簡短而頻繁確認的習慣，很多地方都會有幫助。

○○可以嗎？
內容　意思
過程　結果
擔憂　判斷
○○可!
確認
判斷
部下　　上司

最初的一步 **重 新 檢 討 工 具 的 使 用 方 式**

　　提高**心理安全感**、徹底讓所有人認識到重要性、備妥工具和規則以促進活動，這三點對於活絡報聯商的應用很重要。其中，電子郵件、聊天室這類**資訊科技工具**對於降低人對報聯商的心理門檻、省事和減少花費上，效果很大。

　　進行報聯商最佳的工具是**電子郵件**。不過它同時具有「有時間差」、「不知道是否寄達」、「情緒無法傳達」之類的缺點。儘管知道這一點，但我們現在還是常常什麼事都透過電郵傳送，反而可能使報聯商受到耽擱。這樣無疑是本末倒置。

　　首要之務是學會適當地分別使用電子信、聊天室、電話等工具。此外，制定標題、格式、副本等的使用規則、設法減少文句數量也很重要，不妨試著重新檢討利用電郵進行報聯商的情況。

	特長	使用方式
 電郵、聊天室	・彼此都方便時可以進行報聯商 ・以文字形式留下報聯商的記錄 ・可使用群組發送和附加檔 ・人力成本和傳遞時間很少	・交流緊急性低的訊息時 ・只是傳遞事實、資訊無關感受時 ・事情複雜，要經過整理再傳遞時 ・想要一次傳給多人時
 電話、當面	・能夠確實傳達 ・可以傳達情感和細微的差異 ・可以感受到理解度和迫切度 ・能夠雙向交流	・狀況發生等的緊急情況 ・道歉、反省、懇求等的情況 ・想確認對方的接受度時 ・需要對話、商量等的情況

相關技能 **打 動 對 方 的 心**

16 簡報　報聯商是向上司和夥伴凸顯自己存在的絕佳機會。要在有限的時間內好好地傳達會需要簡報的技巧。

20 寫作　不得要領的文書，和不清楚要傳達什麼的電子信會阻礙報聯商。不會寫文章的話，很可能拖累團隊。

31 職場禮儀　並非只要訊息傳達了就沒事了。要對對方的想法和行動造成影響才有意義。如果沒有遵照職場禮儀去執行，得罪了對方，可能會適得其反。

33 職場英語
使 用 英 語 工 作

多數日本人都很害怕英語。然而,有人國中英語運用自如,威風凜凜地和外國人論戰。反之,也有人多益考九百分卻幾乎不會使用。職場英語的目的並非說得有如母語人士般流利。重要的是你想用英語做什麼。

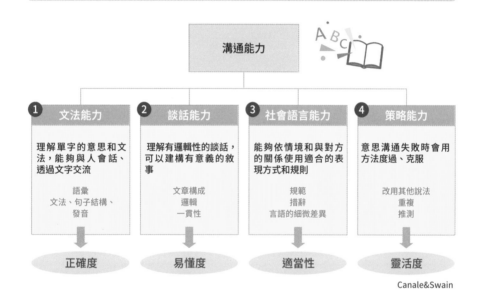

溝通能力

① 文法能力

理解單字的意思和文法,能夠與人會話、透過文字交流

語彙
文法、句子結構、發音

↓

正確度

② 談話能力

理解有邏輯性的談話,可以建構有意義的敘事

文章構成
邏輯
一貫性

↓

易懂度

③ 社會語言能力

能夠依情境和與對方的關係使用適合的表現方式和規則

規範
措辭
言語的細微差異

↓

適當性

④ 策略能力

意思溝通失敗時會用方法度過、克服

改用其他說法
重複
推測

↓

靈活度

Canale&Swain

基本思維 ┃ **增 進 溝 通 能 力**

去國外出差、派駐海外、與外國人開會或談判等,所有在工作上使用的英語就統稱為**職場英語**。如今,英語是全球化時代的通用語言。可說是所有職場人都應當具備的能力。

在工作中,英語不過是工具。重要的是掌握使用英語溝通的能力。能夠做到哪些事才算得上「會英語」呢?我將舉出具體的活用場景。

技能組合	用英語展開工作

建立關係　**打招呼**和**自我介紹**決定了第一印象。初次見面時，不但一切照禮數走，還要盡量給人容易親近的印象。並有必要學習眼神接觸、握手這類非語言訊息的用法。

　　大多數朋友都不擅長進入正題前的簡單**間聊**（Small Talk）。要拉近與對方的距離，緩和氣氛，有一些適合聊天的材料和表達方式。更難的是應酬和餐會中的**會話**。要拋出什麼話題？如何接話？必須具備炒熱談話氣氛的技巧。

　　另一方面，**接聽電話**和**面對客人**時，則需要不冒犯對方、有禮貌的應答。不論如何，一定要徹底了解國外的職場禮儀，否則辛苦學會的英語會發揮不了作用。

意思溝通　　不分中外，將自己的想法傳達給對方並正確理解對方的想法，是商業活動的基礎。「心領神會」、「察言觀色」、「默契」是行不通的。一定要充分利用自己擁有的詞彙，力求意思順暢溝通，否則工作不會有進展。作為團隊的一員，**報告、聯絡、商量、下指令、提案**等都必須進行適當的溝通。不順利時，要有用盡一切方法突破困難的力量和韌性。

　　尤其是能夠發表具有渲染力的**演說**和**簡報**，對於活躍在世界舞台至關重要。簡報的構成、合乎邏輯的說明、具有說服力的講話方式、充滿自信的態度等，運用語言和肢體將想法表達出來。如果還能堅定準確地回答聽眾的提問，信任感會更高。

討論　**開會**時不發言保持沉默的話，會被視為同意。搞不好還會被捲上無

能的烙印。為免演變至此，即使詞彙有限也要不怯於公開表達自己的看法，勇敢地反駁自己不喜歡的想法。同時努力理解對方的真實意圖，為共識形成做出貢獻。如果可以用英語開會，那就無可挑剔了。

　　與來自不同文化背景的外國人用英語討論事情，如洽商、談判、處理客訴等，是最困難的情況之一。為免在權力遊戲中被壓制，必須不屈不撓地努力說服對方，即使不流利也沒關係。假使被人以不公平的手段暗算，要以堅決的態度面對。

　　一面這麼做一面相信話語的力量，互相讓步，不放棄地尋求達成協議的態度很重要。這種種的對話場面不僅考驗外語能力，也考驗為人處世的能力。

處理文書　職場溝通相當大的部分是透過書面語進行的。這需要能夠正確讀懂各種各樣的商業文件，如英文的報告、合約、信件等，並能夠迅速地製作它們。

　　尤其不能忽略的是電子郵件，如今它已成為世界標準的溝通工具。從微不足道的訊息交換到重要事項的磋商，現在全都透過電子郵件完成。用英文書寫正確、易懂、簡潔扼要的電子信是職場人必不可少的一項能力。

　　而且，要即時掌握工作上需要的資訊不能沒有英語。除了網路，報紙、雜誌、書籍等的英文媒體，平時就要熟悉才行。

提 高 持 續 學 習 的 動 力

　　英語的學習法多如山。近來，有愈來愈多活用網路如Twitter、YouTube的學習工具。聽、說、讀、寫，要從何處著手都無妨，但我希望各位在開始前先思考一件事。

　　一般認為，即使是學生時代用功學過的人，學英語都還要再花一千個小時的時間。計算下來，就算三百六十五天不間斷地學習標榜「每天三十分鐘就能掌握英語」的教材，也要花費五年以上的時間。不論用什麼方法，能否維持學習動力才是最大關鍵。

　　目的（為何要學英語？）對於維持住熱情很重要。想到國外工作、想結交外國朋友、想更深入認識美國，如果沒有這一類明確的動機，學習不會持久。而且，聰明的做法是先設定一個觸手可及的目標（何時要達到什麼程度？）再開始。

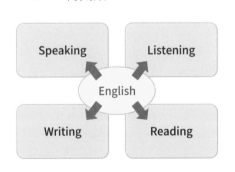

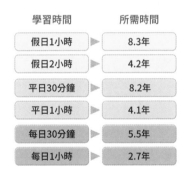

學習時間	所需時間
假日1小時	8.3年
假日2小時	4.2年
平日30分鐘	8.2年
平日1小時	4.1年
每日30分鐘	5.5年
每日1小時	2.7年

全 面 提 高 基 礎 能 力

16 簡報　如果沒有養成自我表達和自我肯定的態度，就算懂得英文單字和文法，在工作上還是行不通的。用日語也行，能夠公開發表自己的想法會有助提升英語能力。

20 寫作　用日語都無法寫出合理通順的句子，用英語怎麼可能寫得出來。不擅長製作英文文書的人要從加強日語開始。

28 全球化人才　要學好英語，必須先學習英美的文化。改變溝通的方式尤其重要。

電腦
使用電腦工作

坐在位子上打電腦就會讓人感覺自己在工作。但要說工作的生產力是否有因此提升？可能便會有些心虛。在數位化轉型時代到來，遠距辦公日漸普及的今天，我們每個人都更需要進一步提升自己的電腦技能。

	硬體	作業系統	應用程式	網路
初級	設定後的動作 ・滑鼠、鍵盤 ・印表機的操作 ・隨身碟等	作業系統的基本操作 ・啟動、結束作業系統 ・檔案操作 ・環境設定	基本應用程式 ・字編輯器 ・影像／影片播放 ・娛樂	網路基本操作 ・收發電子郵件 ・瀏覽器操作 ・SNS 等的利用
中級	硬體環境的建置 ・電腦設定 ・更換／增設記憶體 ・更換／增設硬碟 周邊機器的管理 ・周邊機器的增設 ・故障處理 ・系統最佳化	作業系統運用自如 ・驅動裝置 ・管理應用程式 ・便利的功能 故障處理 ・安裝作業系統 ・備份 ・檔案管理	商用軟體 ・文書製做（Word） ・試算表（Excel） ・簡報（PowerPoint） 公用程式 ・檔案壓縮／解壓縮 ・檔案管理 ・防毒軟體	通訊 ・電子郵件／聊天室 ・雲端／群組軟體 ・線上會議 網路活用 ・網路查詢 ・利用網路服務 ・資訊安全
上級	硬體的維護 ・硬體的維修 ・零件等的更換 ・組裝電腦	作業系統維護 ・系統維護 ・高速化、最佳化 ・迅速處理狀況	程式設計 ・Patch File ・網頁程式設計 ・業務系統	服務開發 ・架設網站 ・開發網路服務 ・網路應用程式

基本思維　利用資訊科技提高生產力

電子郵件、製作資料、網路查詢等，白領工作有相當一部分是透過**電腦**進行的。如今會用電腦稀鬆平常，要問的是能用電腦取得怎樣的成果？使生產力提高多少？

電腦技能所需程度取決於工作的內容。這裡將列舉不分工作類型，現代一般職場人都需要具備的技能。主要使用智慧型手機或平板電腦的朋友，請酌情閱讀。

技能組合　　有效利用電腦

應用程式　一般說到電腦技能，指的是會使用**文書製作**（Word）、**試算表**（Excel）、**簡報**（PowerPoint）三種商用軟體。不只會用，還能將三者各自擁有的多樣功能運用自如才算夠格。而且要能運用**盲打、捷徑**，迅速操作軟體才行。區分情況正確使用三者很重要，只靠一樣拿手的軟體一招用到底並不可取。

用這三種軟體可以處理大部分的工作。如果再加上會使用**資料庫類**（Acess等）、**影像類**（Photoshop等）的應用軟體，工作的品質會更高。**公用程式類**的軟體，如檔案管理、影像管理、檔案壓縮／解壓縮等，也全部精通的話，各方面都會很好用。

通訊　現在不用**電子郵件**恐怕無法做事。所有職場人都要能夠懂得處理（收、發、管理）大量的電子郵件。近來，**聊天室**和**SNS**這類比較新的工具也開始被用於工作。如果不懂得靈活運用**群組軟體、雲端**等，會成為團隊的絆腳石。

此外，也不能漏掉線上會議。除了要會使用**網路會議**（Zoom等）系統，能夠自如地運用相關應用程式豐富的功能進行會議（催化引導者）最是理想。妥善地正確使用通訊工具的技術，包括以電話為首的傳統工具在內，也必不可少。做不到這一點的話，反而可能導致團隊的意思溝通變糟。

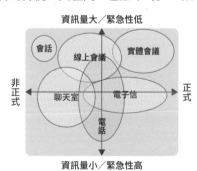

網際網路　如果能利用網際網路迅速找到必要的資訊，工作效率就會大幅提升。為此，除了要會使用**瀏覽器**（Chrome等）、**搜尋引擎**（Google等），還必須培養設定最佳搜尋字詞的技

巧。若能結合運用各種**搜尋方法**，搜尋資訊的功力將大幅提高。

　　使用網路時還有一點很重要，就是辨識資訊正確度和價值進行取捨的能力。輕易被排在前頭的搜尋結果吸引過去會跨不出入門階段。再者，網際網路同時存在被駭的風險。不具備**資安方面**的知識和技能會吃大虧，並給同伴帶來麻煩。

故障檢修　以前，電腦用著用著發生故障的話，請精通電腦的朋友幫忙就沒事了。現在，恐怕無法再好整以暇地這麼做。非得自己設法解決才行。

為此，有必要具備最低限度有關**電腦運作機制**和**作業系統**的知識，對電腦設定、狀態監控有一定程度的能力。網路上有許多故障排除的方法。如果有能力找到最合適的方法，相信就能自己處理。關於維護方面，如**版本升級**、**軟體更新**，理當也要能自力救濟。

Google 搜尋技巧	內容
AND 搜尋	同時包含數個詞彙
OR 搜尋	含任一詞彙
完全一致的搜尋	包括詞序都完全一致
指定網路搜尋	在特定的網站中搜尋
關鍵字除外	不含特定詞彙進行搜尋
萬用字元	包含不明詞彙進行搜尋
影像搜尋	搜尋類似的影像
附條件的搜尋	附帶期間等的條件進行搜尋
書籍搜尋	搜尋含特定詞彙的書籍
使用頻率搜尋	該詞彙多常被人使用

最初的一步 學 會 節 省 時 間 的 技 巧

使用電腦工作時,最先應當學會的技術之一就是**盲打**。因為看著鍵盤慢慢打字無法提高工作效率。還會讓人因此討厭電腦。

一開始慢沒關係。確實掌握鍵盤的位置和指法吧!之後再慢慢提升速度。有效利用練習用的軟體和網站也不錯。只要一個星期,任何人都能熟練,感覺自己的電腦能力變好了。

捷徑同樣是節省時間的技巧,我希望各位務必學會。會不會使用捷徑,工作效率會差很多。大致學會如何使用應用程式的話請立刻試試看。記得愈多捷徑,作業速度就愈快。體驗到離高手稍微近了一點的心情。

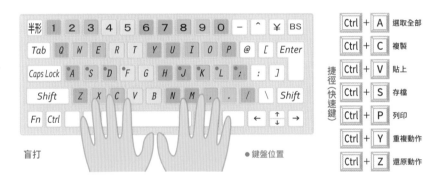

相關技能 提 升 工 作 的 生 產 力

37 業務改善 使用電腦等IT工具的目的之一是提高生產力。必須利用業務改善技能提高使用IT工具作業的生產力。

41 收集資訊 為免在名為網際網路的資訊汪洋中溺斃,有必要徹底鍛練收集資訊的能力。

46 文書設計 即使是相同內容的商業文書,有沒有設計能力,給人的印象和容易理解度會大不相同。電腦作為設計工具的重要性將有增無減。

35 數據運用
從數字中提取意義

明明資訊氾濫，為什麼還會誤判？沒有證據的可疑消息為什麼會橫行？兩者都肇始於沒有養成根據事實思考的習慣。活用數據將是理性展開工作的基礎。

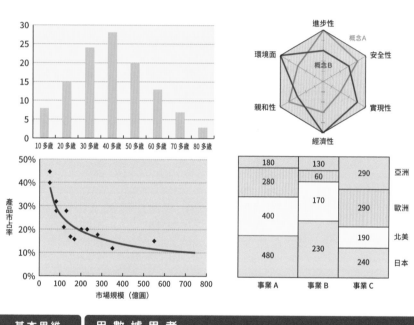

基本思維 | **用 數 據 思 考**

　　所謂**數據**，包含以數值呈現的資料在內，就是我們據以思考事物的事實。除非積極有效地加以利用，否則龐大的數據對工作並沒有用處。研究收集到的數據，提取有價值的資訊，即是**數據運用**。

　　活用之際必須先弄清楚目的，如想知道什麼？希望怎樣運用？因為賦予數據和分析結果意義的是我們。先有想驗證的假設，運用起來會更有效率。

技能組合　　從各個方面來看數據

看大小　活用數據從量開始，即了解一般所說的數字大小。比方說，一個月有十件投訴、一百件投訴或一千件投訴，問題的大小有天壤之別。如果看數字或表格不易了解，那**直條圖**或用圓的大小表示量的**氣泡圖**會很有幫助。

這時，以什麼單位（區分）度量很重要。因為不同的區分方式會呈現出不同的結果。先提出一個好的假設，是找到好的區分方式的祕訣。

直接看大小（**絕對評價**），或是與某樣東西作比較（**相對評價**），也是很重要的點。如果是後者，如何選擇比較對象便是關鍵。一般常用的有過去、目標、他人、平均四種。在其他分析中，**分割**和**比較**也是很重要的技術。

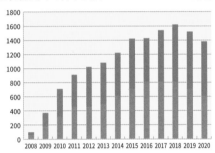

看變化　按照時間序列來看數據，可以看出改變的程度和方向。為此要使用**折線圖**。可以用視覺的方式了解增減的傾向。並能很快地看出有無反覆的**模式**、明顯的**趨勢**。如果像季節變動這種比較難一眼判斷增減傾向的狀況，就可以考慮用**移動平均**（滾動平均值）來看會比較好懂。

此外，照目前的趨勢延長下去，還可以藉以預測未來。進行**回歸分析**，即可做定量預測。如果有明顯的**拐點**，即可探究其原因，理出頭緒解決問題。如果有變化相近的數據，不妨檢查兩者的**關聯**，以找出思考因果關係的線索。

不過，以何處為基本點觀看變化會影響觀察到的結果。觀察變化的期間多長（時間長度）也是如此。

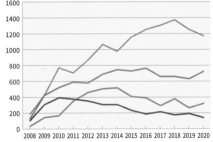

看百分比　想知道結構、成分、所處位置時使用的是百分比分析。

比方說，調查市占率可以知道業界的結構和自家公司的地位。這時就輪到**長條圖**、**圓餅圖**、**面積圖**上場了。

預算和實際成績的**差異分析**和銷售機會**漏失分析**會使用的**Buildup Chart**也常被用來調查百分比。即使是調查商品配銷通路廣度的**外流分析**，百分比（通路市占率）也是一項判斷材料。其他還有許多現象的關鍵都在百分比，如成本結構、價值結構等。**定量分析**中也有許多著眼於百分比的指標，如自有資本比率、銷售費用率等，沒辦法不加以活用。

不管哪種分析，只要跟比例有關，除法就很重要。除了固定的公式之外，也可以想想能不能產生新的組合。

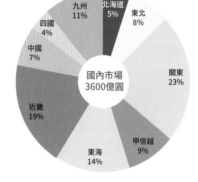

看分布 有些情況不僅是量，參差不齊也會是問題，像是銷售員的平均銷售額。這時製作**直方圖**看其分布情形是個好方法。視分布的情況，有時平均值可能沒有意義。**標準差**對掌握波動很有幫助。

乍看感覺很零散的數據，有時一看分布情形便可發現明顯的特徵。比方說，透過**點狀圖**（散布圖）看分布情形，**相關關係**便一目了然。也可以藉由**回歸分析**找出規律性或特異點（群）。此外，用來看指標是否均衡的**雷達圖**，也是一種可以用來查看分布情形的工具。

看分布時，重點在於要調查什麼和什麼的關係、如何挑選變數。要進一步深入分析，需要**多變量分析**的技術。

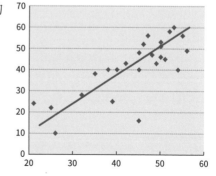

最初的一步　**靈活運用電子試算表**

　　這裡談到的全是很基礎的技術，不需要特別的統計知識。徹底將這些變成自己所有並能夠應用在工作上，是活用數據的第一步。為此，**電子試算表**（Excel）是個強大的盟友。

　　只要會使用Excel就能輕易進行這所有的分析。**七大品管工具**（特性要因圖、柏拉圖、直方圖、管制圖、散布圖、流程圖、檢核表），全部可以在Excel上處理。而且有模板可用。並可利用豐富的視覺化功能，說明得讓人容易理解。

　　不但如此，Excel還有各種支援分析的功能。函數計算、回歸分析、相關分析、樞紐分析、巨集功能、假設分析等，真可謂盡善盡美。首先要能夠自由自在地運用這些功能，之後再挑戰使用高級檢定和多變量分析等的專業軟體。

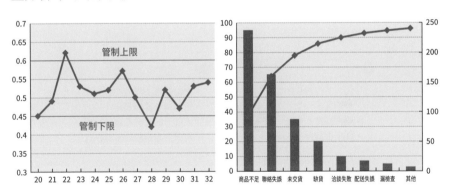

相關技能　**在事證確實的基礎上思考**

01 邏輯思考　分析、解析得再怎麼精采，如果不能據以進行正確的推論，就會得出錯誤的結論。

02 批判性思考　自顧自地收集資訊，做出有利於己的分析，這樣並沒有意義。對自己的思維提出懷疑的態度很重要。

37 業務改善　要了解工作的實態，透過一些指標將一個個作業數據化（數值化），進行定量分析是必不可少的。

36 時間管理
有效地利用時間

工作可能增加，但通常不會減少。沒有人不盼望著能有更多的時間。如果不盡可能地有效地利用時間的話，就無法回應別人的期待。搞不好還會搞到自己精神耗弱。所有人都需要善用時間管理的技巧，改革工作方式。

② 對未來的投資
- 增進自己的技能
- 指導和培育部下
- 打造團隊
- 改善業務系統

① 有價值的工作
- 執行上層下達的指令
- 重大事故和客訴
- 解決迫在眉睫的問題
- 危機和災害的應變

重要 ／ 不緊急 ／ 緊急 ／ 不重要

④ 浪費時間
- 為了工作而做的工作
- 殺時間的作業
- 沒有意義的廢話
- 業務的等待

時間小偷

③ 對外工作
- 應付臨時上門的訪客
- 製作報告書和資料
- 大部分的會議和事前協調
- 每天的電話和電子郵件

基本思維 ┃ **妥善安排時間**

　　時間是無法增加的寶貴資源。**時間管理**不只是管理日程表，而是一種有效利用有限時間的技術。是每天被時間追趕的我們不可缺少的技能。

　　如果能好好地安排時間，業務生產力會提高，而有更多時間專心投入原本的工作。時間寬裕後，對團隊合作的提升也有助益。並能幫助我們兼顧工作與生活，過著充實的人生。

技能組合　**自 己 創 造 時 間**

任務管理　不限於時間，管理的基本就是**PDCA**。其中的P（計畫）尤其重要。不清查所有必要的任務，將各個任務的截止期限進行**定量化**的話，人不會想鼓起勁來做事。訣竅是設定稍微高出預估值的目標。過於龐大的任務要**細分化**，拆成數個小任務。定出小目標（**Small Step**），以便幹勁能持續。

在執行階段（D）要頻繁了解**進展情況**，以調整作業速度。其間，利用適合自己的方法，如**待辦清單**、筆記、手札等，集中管理日程表很重要。此外，事後進行回顧（C）、研擬改善措施（A），是任務管理的基本。

待辦清單

✍ What	⏱ When
☐ 製作社長簡報資料	2/15
☐ 整理昨天的談話	ASAP
☐ 用戶實態調查	2/24
☐ 處理上週的客訴	星期四
☐ 研究B案的發展性	3月初
☐ 下次會議的議程	星期五

排定優先順序　重要的工作優先於緊急的工作，是**時間管理矩陣**的思維。尤其是重要且非緊急的工作具有減少其他工作的效果，應當優先分配時間去做。為此，必須決定不做哪些事。不清楚目的何在的例行性工作便是頭號標的。

沒辦法不做的話，就改用機器代替，或請他人代勞。自己則集中全力，專做只有自己能做的事。別人能做的就盡量交給別人去做，即便效率有點差。如果這麼做可以讓大家各自在自己擅長的領域大顯身手，組織的生產力就會提升。這就是**相對優勢**的思維。

客服業務　相對優勢

	A氏	B氏	合計
📧 電子郵件	4件 4小時	20件 4小時	24件
☎ 電話	24件 4小時	36件 4小時	60件

依相對優勢重新分配　大幅提升

	A氏	B氏	合計
📧 電子郵件	0件 0小時	30件 6小時	30件
☎ 電話	48件 8小時	18件 2小時	66件

`速度加快` 提高工作速度最簡單的方法就是不推遲，立刻著手去做。宣布「要做」後，即使只做了五分鐘，也比預期得要久。一直往後延的話，最後會因為趕工導致品質下降。

加快思考的速度和閱讀、書寫、說話這一類溝通的速度，以及電腦等的操作速度也很重要。要做到這一點，建議開始做之後就不要中斷、專注地做下去。如果能選定目標，在自己最能夠專心的時段、場所全心投入去做，工作就會有驚人的進展。

判斷要做到什麼程度也很重要，因為最後的收尾工作會占去很多時間。雖然也要視工作內容而定，但別追求**完美**，做到八成時便停止，開始下一個工作。這樣速度就會大幅提升。

`提高效率` 專心投入大工作，而利用畸零時間做小工作是聰明的做法。行進間、待命等的空檔，應該也能用來處理電郵或進行學習等。重點在於如何將大小不同的任務搭配組合。

效率差的工作有必要**改善**。比方說，一天要找好幾次東西，這種情況不是因為東西太多就是整理不善。有些事與其慢吞吞地寫E-mail，還不如撥通電話就解決了。也有些事問人會比自己調查來得快。尤其是占工作時間兩成的會議，最應該著手改善效率。

「重頭來過」、「漫無計畫」、「先處理再想」是最沒有效率的做法。做之前若沒有經過仔細調查、建立假設，便無法好好地推進工作。正所謂「時間就是金錢」。必須提高對**性價比**（CP值）的意識，徹底消除時間的浪費。

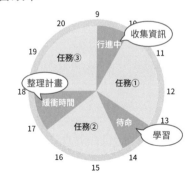

最初的一步 | **詳盡記錄**

　　我們無法控制看不見的事物。將自己花費的時間可視化是時間管理的起點。

　　讓我們先試著**記錄**吧！盡可能正確記錄自己花多少時間做什麼事。請至少持續記錄一週，可以的話就持續一個月。這樣就能漸漸清楚大致的行為模式。

　　輸入試算表（Excel）或時間管理專用App，日後的分析就會很輕鬆。重點是不論多麼無關緊要的行動都要記錄下來，要具體到每一分鐘。否則無法找出「找東西」、「等待時間」、「機器狀況不佳」這類「聚沙可成塔」的作業。

　　只要做記錄就能根據事實正確掌握徒勞無益的時間和沒有效率的作業。能夠監控改善的程度，進而養成注意時間的習慣。

時刻	時間	任務
14：20	00：16	製作營運會議的資料
14：36	00：02	銷售部鈴木課長來電
14：38	00：17	製作營運會議的資料（續）
14：55	00：21	查看電子郵件、回三封信
15：16	00：11	佐藤來商量事情
15：27	00：03	行進間
15：30	00：31	與山下主任商討事情

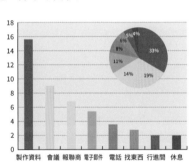

相關技能 | **提 高 工 作 效 率**

37 業務改善　如果能提高工作的生產力，就能節省時間和勞力用來從事新的工作。業務改善的思維和進行方法在時間管理中也能發揮很大的作用。

38 專案管理　專案管理是高效工作的技能和工具的集大成。一定要善加利用。

43 整理　資訊、文件散落各處，無法立即取得想要的資料會讓人很焦慮。事先整理得有條不紊，工作效率就會提高。

業務改善
有計畫地提高工作效率

拿出更好的成績來！工作時間要再減少！面對如此互相衝突的要求會讓人感到生氣：「到底要我怎麼做才好？！」解決的方法只有一個。就是改變做事的方法，提高生產力。業務改善的技能正是實現工作方式改革的決定性因素。

Step 1	**取消** Eliminate	・取消不必要的工作、功能、程序 ・拒絕不重要的工作和作業 ・刪除過多的標準和條件 ・消除障礙和限制
Step 2	**合併** Combine	・將重複的功能整合成一個 ・停止分工，統一工作 ・加大工作和訂購的單位 ・整合零亂的資料與所有人共享
Step 3	**調整順序** Rearrange	・改用別種做事方式 ・更換時間、場所、負責人 ・更換外包商 ・更換交易對象和訂購對象
Step 4	**簡化** Simplify	・縮短時間、工序、路線等 ・將間接改為直接 ・減少規格、設計、包裝 ・簡化工作和程序

大 → 小（改善效果）

基本思維　提高工作的品質

透過改變工作的做法以提高生產力稱為**業務改善**。具體來說，就是改變人、過程、系統等，使品質、工時、成本、時間等得到改善，提高經營的成績。

業務改善不是只有在公司陷入困境或自己的成績不振時才做。必須不斷地進行改善，時時追求更佳的工作表現。這才是真正重要的工作。

技能組合 **靈活運用改善的四種視角**

可視化 業務改善始於將業務**可視化**，藉由可視化使平常用什麼方法做事變得無所遁形。比方說，利用專案管理所使用的**WBS**（P185）分層整理業務。再使用**程序圖**釐清彼此之間的關係。

重要的是連很細微的工作都一個不漏地分解出來。否則無法看出浪費和重複。而且，內容含糊不清的工作也要具體加以定義：做什麼、怎麼做、做出怎樣的成果。

然後再調查完成每一項工作要花費多少資源（時間、工時、資金等）的話，實際情況便昭然若揭。

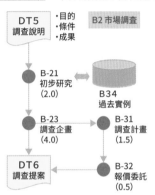

效率化 只要消除浪費、不均、勉強（加上遺漏和失誤就是5M[*]），工作效率就會上升。我取三者的字尾合稱為**DaRaRi法則**。

所謂**浪費**，指的是供給（手段）超過需要（目的）因而過剩的狀況。是最應當被視為問題的一個。要按照①消除不必要的工作；②將重複的作業合併；③改採別的做法；④簡化的順序採取對策。我們取其第一個英文字母稱這套理論為**ECRS**。

不均指的是浪費和勉強交替出現因而產生波動的狀態。將工作**平準化**是消除不均的特效藥。

勉強則是指供給低於需求，使得負荷過重的狀況。有波及其他方面，或最後超過極限而崩壞之虞。過度消除浪費有時也會導致勉強。投入更多資源，或是變更工作的質和量以與可使用的資源相符，就能減少勉強。

最佳化 大工作是由許多小工作接力組合而成的。一旦某個環節出現**瓶頸**，也就是作業

[*]日語發音全是M開頭，所以簡稱5M。

能力較低處，就會發生堵塞。這麼一來，其他環節就算再怎麼努力也無法獲得稱心如意的成果。因此瓶頸會決定整體的**生產量**。

這樣說來，幫助瓶頸處將能力發揮到極致，並將其他部分的作業能力與之調合，消除浪費，這才是最好的辦法。如果能將如此省下的資源用於改善瓶頸處的能力，整體的生產量就會上升。這就是**TOC**（Theory of Constraints：限制理論）的思維。

一旦展開業務改善，只考慮自己和自己部門的效率，往往會將惡果轉嫁給他人。這樣的話便失去改善的意義。有必要時時考慮到整體的最佳化。

標準化　改善之後煥然一新的工作，務必將其做法**標準化**。否則早晚會屬人化、淪為黑箱，變得無法管理。具體來說就是要定出統一的程序、規則、工具、準則等以求標準化。就是將工作培養出的**內隱知識**轉為**外顯知識**。

將這些匯整做成**指南**和**規定**也是一個方法。不過，假使這類指南造成千篇一律、僵化，可就本末倒置。必須積極吸取在實務現場展開時得到的知識（內隱知識），經常更新。

有些任務借助IT、AI等的力量進行**自動化**，會讓效率進一步提升。業務改善永無止盡。不滿足於現狀，以理想的狀態為目標，不屈不撓持續改善的態度才是最重要的。

最初的一步　**理 所 當 然 地 根 除 病 灶**

　　業務改善的強敵存在於我們心中。即對於廢止熟悉、習慣的做法感到抗拒。有時是原本建立那套做法的人已不在，無法判斷；有時是要取得所有人的同意很麻煩。也有人覺得一旦放棄，長久以來的努力便遭人否定。得克服種種心理上的障礙才能夠跨出第一步。

　　首先試著問自己：每天在做的事真的必要嗎？重新檢討已成習慣的工作的**目的**和**意義**。即使是必要的工作，也有思考「是否有更好的做法」的空間。假使認為不必要，就要思考廢止時會造成什麼**影響**、怎麼做可以降低影響。

　　起初可以是回覆電子郵件、文件保存、發影印本這類日常熟悉的作業。不妨就從重新檢視這些已成理所當然的工作做起，如何？

導致沒效率的9種浪費

時間的浪費	場所的浪費	作業的浪費
庫存的浪費	調整的浪費	資訊的浪費
管理的浪費	移動的浪費	重複的浪費

相關技能　**合 理 地 推 動 改 善**

05 解決問題　業務改善中很重要的是正確掌握造成低品質、沒效率的原因。解決問題的技能對此很有幫助。

35 數據運用　為了解工作的實際情況，透過一些指標加以數據化、進行量化分析的作業必不可少。將工作轉換成數字也能了解措施的有效性，比較容易照著管理循環運行。

36 時間管理　時間管理專門處理時間這項資源，思考改進之法。這類手法和技能對業務改善也有幫助。

38

專案管理
穩步地推進任務

除了固定業務之外，現在還有許多從事專案工作的機會。也有人同時負責多案，在專案與專案之間奔忙。然而也有一種說法，手邊專案真正進展順利的，其實只有「千分之三」。其原因也許是專案的管理並不完善。

成立	計畫	執行	控管	結束
專案章程	計畫書	專案作業管理	專案作業控管	專案結束
	WBS		控管範圍	
	時程表		時程表控管	
	預算		成本控管	
	品質管理計畫	品質管理計畫	品質控管	
	資源管理計畫	團隊管理	資源控管	
	溝通管理計畫	溝通管理	溝通控管	
	風險管理計畫	風險對策的執行	風險監控	
	採購管理計畫	採購的執行	採購的監控	
查明利害關係人	忠誠度計畫	忠誠度管理	忠誠度控管	

PMBOK

基本思維 　引領專案走向成功

　　為達成特定目標、期間限定的工作和組織稱為**專案**。為使專案順利進行的綜合性活動就是**專案管理**。主要由**專案經理人**（PM）負責管理。

　　匯集相關知識的世界標準**PMBOK**（Project Management Body of Knowledge）將專案劃分為五大流程，有十種必須進行的活動。全都是專案成功不可或缺的活動。

| 技能組合 | 按 照 步 驟 一 步 步 進 行 |

成立　將專案的目的、終點、體制、最後期限等整理成**專案章程**向出資者（老闆）提案以獲准執行。專案便由此展開。重點在於是否清楚描繪出與可用資源相稱的具挑戰性的目標和成果。這部分籠統含糊的話，很可能無法齊一成員的步調，導致專案夭折。

能夠整合各種利害關係人的強大**出資者**；真心投入專案的**經理人**；精挑細選擁有專業能力的**成員**，能否找齊這三者也很重要。沒有各方的配合，專案就無法推進。必須徹底打造一支團隊才行。

計畫　專案管理的要訣在於計畫（規畫）。首先，使用**WBS**（Work Breakdown Structure）毫無遺漏地清查出所有必要的作業，然後將每一項作業反映在**作業說明書**上。其次是預估所需時間，利用**甘特圖**或**PERT**將它做成時程表。再來是使用**作業責任分擔表**（RAM）讓工作分配清楚明確。

還要做預算、成本、品質、風險等的計畫。並且必須確定進度會議、報告會議等的日程、相關人士間的溝通方法和規則。

不將一連串作業都交給經理人去做而能分頭進行的話，團隊意識便會萌芽。將這些項目整理成**專案計畫書**，召開**啟動會議**，專案便開始運作。

執行　各自按照計畫書上規定的程序自動自發地進行自己負責的作業即是執行的階段。取得的

一級		二級		三級		最後期限	負責人
200	擬定概念	210	市場調查	211	目標市場分析	3/31	山田
				212	了解顧客需求	3/31	内藤
				213	擬定商品假設	4/10	山田
		220	技術調查	221	調查技術動向	3/25	森川
				222	調查要素技術	3/31	白井
				223	強弱分析	4/5	森川
300	決定規格	310	構想設計	311	擬定基本方針	4/15	北見

成果和成績要立刻加以收集、整理。若有新發生的課題，要做成**課題紀錄**（一覽表），研究應對之道。偶爾會需要變更計畫、作業流程，或是追加資源。這需要經理人迅速且準確的判斷。

為提高團隊的績效，發展每個成員的能力和彼此的關係也很重要。要妥當處理團隊內部發生的衝突，增進團隊內外的溝通交流。同時應對各種風險，催化引導專案走向成功。

No.	課題	優先	報告		處理	負責人、最後期限		狀況	備考
325	市場調查延遲	中	6/25	中野	請行銷課派兩人支援	白石	6/30	等待裁示	無
326	構想設計發生瑕疵	大	6/27	太田	開發二課正在查明原因，調查由合作廠商 B 供應的零件品質	太田	7/5	進行	擔憂成本增加

控管和結束　為使專案達成目標，必須透過定量的方式評估預定計畫和實際成績的差異，時時檢視專案的狀況。為了穩定地運行**PDCA**循環，需要事先制定規則、格式等，如什麼人、什麼時機要發出什麼訊息。

其中尤其重要的是**會議**。在會議上交流課題，建立對未來的預測，決定必要的措施。要依談話的內容和重要性選擇適當的開會方式，如實體會議、線上會議、文字討論等。

順利達成目標的話，就檢視成果，取得出資者的認可後結束專案。回顧專案過程，將有助於個人和團隊的學習。這時以**KPT**為代表的回顧技法很好用。專案執行中也能適度進行回顧的話，即可邊執行邊幫助團隊成長。

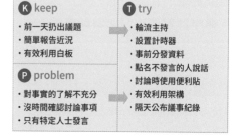

最初的一步　**脫 離 手 工 藝**

　　專案管理的技能和工具已被**標準化**，現在任何人都可輕易學會。但另一方面，由於步驟有點繁瑣，往往會自以為「應該不必做到這種地步」而放水，不夠嚴謹。然而，一旦虎頭蛇尾便會引發各種紕漏，最後被迫得反省：「早知如此，一開始認真做就好了！」

　　一下子要掌握全部很難的話，可以一樣一樣來。請務必正確地使用。如果是WBS就WBS，RAM的話就RAM，選定一項作業，以能夠完美地運用它們為目標。

　　以科學的方式推進過去仰賴專家手藝和努力至上主義、屬人化的工作，就是專案管理。不僅是讓專案順暢推進，改變工作方式也是一個很重要的目的。先將這點銘記在心吧！

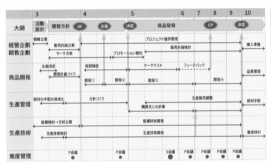

相關技能　**引 領 計 畫 走 向 執 行**

05 解決問題　隨著專案的展開，會接二連三發生出乎預料的狀況。為免淪為打地鼠遊戲，必須增強解決問題的能力才行。

19 催化引導　會議對專案的控管和解決問題不可或缺。要在有限的時間內讓所有人了解課題、形成共識，主持會議的催化引導技巧將是關鍵。

24 打造團隊　不論擬定多麼精緻的計畫，團隊如果不動起來也只是好看而已。打造團隊掌握了成功之鑰。

39 風險管理
應付不確定性

考慮風險感覺有點消極。去顧慮極少發生的狀況，好像也不具生產力。這些想法全源自於對風險的錯誤認識。所謂的風險是什麼？管理風險又是什麼意思？若不正確地學習，或許你將會嘗到意料之外的苦果。

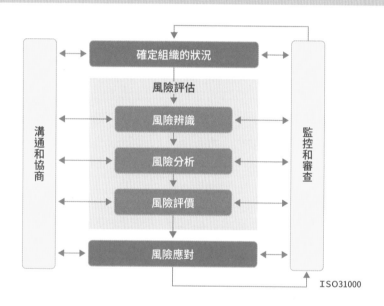

ISO31000

基本思維 ┃ 為不確定的影響預作準備

所謂**風險**，一般的定義是「對目的不確定的影響」。不論結果是好是壞，只要有不確定性的影響，便存在風險。妥善地處理它的即是**風險管理**。無非就是設想危機發生並預作準備，而無關危機是否會發生。

這裡將根據此領域中的世界標準**ISO31000**的思維，為各位講解必要的技能和實際推進工作的方法。

技能組合　妥善處理風險

風險辨識　風險管理從**評估**應針對的風險開始。為此，必須釐清企業的目的和利害關係人等，以決定風險的範圍和標準。

　　而且要從過去的經驗和其他公司的實例中，找出有可能阻礙（／促進）或延遲（／加速）組織目的的事件。可以想像很大一部分是來自自然災害等的**外部因素**，和經營不善等的**內部因素**，將這些整理成一覽表等。

　　裡面也包含了與近年備受關注的**法規遵循**、**CSR**（企業社會責任）、**BCP**（企業持續營運計畫）密切相關的風險。關於潛在的風險，也要發揮你的感受力將它挖掘出來。為避免疏漏，從未來去設想或著眼於損失上，就會很順利。

外部因素				
政治	經濟	社會	技術	自然

內部因素				
經營	財務	法務	交易	製品
資訊	設備	雇用	安全	環境

風險分析、評價　其次是分析、評價個別風險的重要性。這部分經常為人使用的是**風險矩陣**。就是依據發生時的影響程度（損害規模等）和發生頻率為一個個風險定位。兩軸都應該依定量的標準（如：五十億圓、十年一次）進行評價，如果不行，依定性的描述做判斷（如：擦傷程度、頻繁發生）也無妨。因為此步驟的目的在於將風險分出優劣。

　　矩陣圖一旦完成，就要思考要處理哪個風險？如何排出優先順序？要煩惱該將重點放在損害規模還是發生頻率。一面與相關人員溝通、協商一面進行，其他步驟也是如此。不這樣做的話，對風險的認知和對策就不會進步。

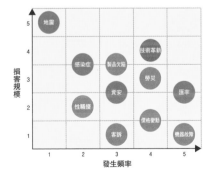

風險應對　如果會造成威脅的風險的損害規模和發生頻率都很高，那麼

不要進行與風險相關的活動是明智之舉。即一般所謂的**風險回避**。如果損害規模大但發生頻率很低,就盡量將風險移轉給第三方,或將風險分散給他人。即藉由**風險分擔**來降低影響。

而如果損害規模小、發生頻率高,就要透過降低其中一個或兩個,或是去除風險源頭,力求**減輕風險**。擴大事業規模等以減輕損失帶來的影響,也是其中一種做法。當損害規模和發生頻率較低時就會選擇**風險自留**。意指採取被稱為**風險融資**的財務性措施,接受風險。

什麼情況下要採取怎樣的對策並非定於一尊的。要時時對照經營策略進行調整,盡量做出合理且說服力高的選擇。

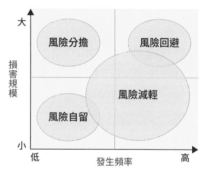

情境規畫 在現代社會,我們也不能不面對社會整體的風險(**社會風險**),如氣候變遷、傳染病、恐怖攻擊。在這方面的研究上能發揮威力的是**情境規畫**。

這套技法是將未來環境的變化和可能發生的未來,整理成數種情景(故事)。在整理的過程中建立共同的理解,大家一起思考該採取的策略。情景規畫的目的不在於正確地預測未來。盡可能地減少預料之外的情況發生,並培養敏捷地應付狀況發生的能力才是目的。

		衝擊力	
		大	小
不確定性	大	增強順應能力	靜觀
	小	處理	忽視

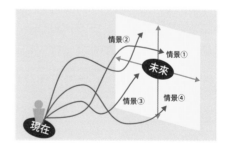

最初的一步　**考 慮 不 可 能 發 生 的 狀 況**

　　不喜歡風險管理的朋友常說一句話：「去想不可能發生的事也沒有用」。甚至有人會斷然地說：「別說不吉利的話」、「不該發生的事就不會發生」 。

　　不僅這種人，當危機真的發生，說：「放心，沒什麼大不了」、「我相信會順利平息」，也是錯失時機的一個原因。這些全被稱為正常化偏誤，是心理防衛機制搞的鬼。

　　風險管理就是要刻意去想像「不可能的情況」、「不該發生的事」。如果不去除**正常化偏誤**，會對風險視而不見或是過度低估，使得風險管理失去意義。

　　要徹底消除正常化偏誤是不可能的。首先，讓我們試著從意識到它在作用，不做便宜行事的判斷和評價開始吧！

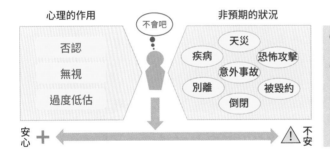

相關技能　**身 體 力 行 風 險 管 理**

10 定量分析　清查財務面的弱點和不確定因子，是找出自家公司風險的一個方法。定量分析的能力必不可少。

19 催化引導　實踐風險管理一般的做法是展開全公司性的活動，廣泛地將相關人員牽扯進來。這時不可缺少的是催化引導能力，以整合各種利害關係人的談話。

40 防止錯誤　一點小小的失誤有時會演變成動搖整間公司的大事件。工作場所每天發生的失誤和疏忽也是不得了的風險。

40 防止錯誤

消除所有失誤

> 任何人都會出錯。你會對自己犯的錯說聲「下次小心點」就算了，卻只對別人犯的錯大聲說：「你要多加小心！」嗎？若是如此，失誤永遠不會消失。每個人都應當在吃大虧之前，先練就能好好處理錯誤的能力。

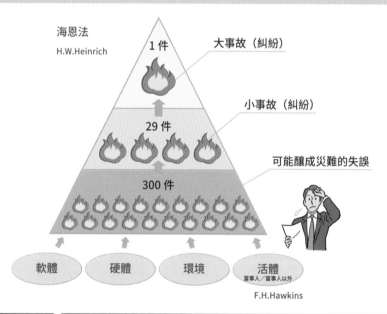

海恩法
H.W.Heinrich

1 件　大事故（糾紛）

29 件　小事故（糾紛）

300 件　可能釀成災難的失誤

軟體　硬體　環境　活體（當事人／當事人以外）

F.H.Hawkins

基本思維　**預防錯誤發生**

　　「產生非故意結果的人的行為」（JIS），如過錯、疏失等，叫做**人為錯誤**。一旦輕忽產生那樣結果的小事件，總有一天會釀成大麻煩。這學說就是**海恩法則**。

　　任何人都會犯錯。工作總是會有錯誤發生。重要的是，個體和組織從錯誤中學習，想出防錯的對策。從現在起我要依照**SHELL模型**為各位介紹應當學習的策略。

| 技能組合 | **利 用 S H E L L 採 取 對 策** |

業務流程　取消或減少有犯錯之虞的工作是最佳對策。改用機器代替、換成無需人為干預的做法也是個好辦法。只不過要考慮那項工作所產生的意義，否則可能嘗到苦頭。

以上方法都不可能的話，只能改成不易犯錯的做法。比方說，將作業單純化、方便執行。或是變更程序，讓它可以自然、順利地完成。記不住所有程序和指令時，利用文書防止出錯是不錯的方法。製作**指南**和**作業標準書**，也可望在防錯方面收到不錯的成效。

或者，即使出錯，只要在釀成大事之前小心留意就沒有問題。準備好**檢核表**，採用**雙重確認**、復誦、指呼確認等，可以想到各種各樣的方法。對減少弄錯、自以為是、忘記等也很有用。

檢核表
☐ 已從規定場所拿出備用品？
☐ 已安置在正確的位置？
☐ 已按下三台機器的開關？
☐ 在機器上設定好目標值？
☐ 檢查過沒有垃圾？
☐ 作業者已戴上口罩？
☐ 再次確認過駕駛規則？

機器、設備　以防範與機器類操作有關的錯誤而為人所知的，是**安全裝置**和**故障安全防護裝置**。就是在「錯誤不會消失」的前提下，在機器設計階段就加入出錯時的防範對策。

改善機器使用上的方便性也很重要。不自然的動作和不合直覺的操作會誘發錯誤。認清人的能力和記憶的極限，盡量提供合乎既定觀念和習慣的操作方法和介面。

要記住每台機器的操作程序很累人。盡可能**標準化、通用化**，設計成具有一貫性的操作程序，可減少作業的負擔。感知和注意力也存在陷阱，會導致錯誤發生。因此認知面的設計，如簡單易懂的操作面板、容易識別的按鈕、數字的可視化等，也很有效果。

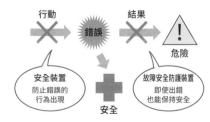

職場環境　工作環境中也存在陷阱

等著我們犯錯。在雜亂的工作場所不會注意到庫存缺貨，或容易拿錯備用品。牢記**5S**（整理、整頓、清掃、清潔、素養）可以防止出錯。此外，將庫存量可視化、不把容易混淆的東西放在附近、在備用品架上貼標籤等的小巧思會有用。

另一方面，**物理環境**也很重要，如溫度、濕度、照明、噪音、氣味、空間大小、窗戶有無。為免感受到身體上的壓力，必須準備好一個舒適自在的空間。此外，上班時間、作業目標、餐點、休息等的勞動條件，也是在思考**心理上的壓力**時不可忽略的環境因素。

5S活動

整頓 Seiton
清潔 Seiketsu

1 整理 Seiri
2
3 清掃 Seisou
4
5 素養 Shitsuke

人和組織 　最後就剩犯錯當事人的問題。若除去身體狀況和疲勞等健康面的問題，**能力方面**的問題占了很大一部分。為補知識、技術、經驗的不足，需要訓練和操作指南。負責與能力相稱的工作也很重要。尤其要注意容易犯錯的**3H**（第一次、很久沒做、變更）。

還有一個是**心理方面**的問題。常見的資深老手容易犯的錯誤如因為千篇一律而「不小心出錯」、「違反倫理」、「偷吃步」、「怠慢」等。要利用獎懲防止違規踰矩。

也不能忘記當事人的周遭狀況。這需要密切**溝通**，加強**團隊合作**，大家共同努力減少錯誤發生。其中最關鍵的是培養能互相坦率指出錯誤的人際關係。重大故障是由一個個不順利堆疊而成的（**瑞士乳酪理論**）。能阻止一連串錯誤發生的正是組織。它將考驗高層的決心和每一個人的努力。

瑞士乳酪理論
J.Reason

最初的一步　**互 相 分 享 意 外 事 件**

　　當錯誤發生，我們有時會怪當事人不夠小心或當事人的性格。這樣並不能採取有效的辦法，防止再度發生。

　　重要的是將錯誤歸咎於做事的方法和當事人所處的狀況。這時同樣不要輕易下結論，必須一再追問「為什麼」，找出根本性因素才行。也就是一般所謂的「**五個為什麼**」。

　　當眾多因素盤根錯節時，要細心調查因果關係，找出影響力最大且我們自己可以控制的因素。使用**關係圖**和**系統思考**會比較容易分析。

　　而更重要的是，將找出的原因連同出錯的內容一併與工作單位的同事分享。如果能**互相分享意外事件**，即可讓個人的經驗變成所有人的教訓。能夠做到這一點，就是真正的**心理安全感**很高的組織。

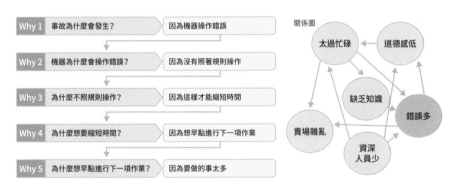

相關技能　**透 過 整 體 最 佳 化 來 防 止 錯 誤**

05 解決問題　小錯誤的背後隱藏著大問題的情況經常可見。重要的是以錯誤為線索，徹底根除真正的問題。

37 業務改善　為減少錯誤而嚴格檢查會使效率下滑。一旦過度追求工作效率，失誤便會增加。兩者應當一併思考。

39 風險管理　試圖消除所有錯誤並非上策。必須先將錯誤分類，排定優先順序再去處理。

規畫

為了做一件事的事前準備和安排程度稱為**規畫**。徹底規畫好一件事再開始做就會進展順利，大大提升工作效率。

以技能的角度來說，包括設定目標、清查任務、制定程序和計畫、籌措資源等。專案管理的前半部分正是規畫。所有工具也都能挪用。

此外，如果要將許多人牽扯進來，必須事先協調、賦予動機、設身處地為人著想，否則無法照著規畫進行。報聯商和會議等溝通機制的設計，也是規畫很重要的一部分。

遠距辦公

遠距辦公要能將電子郵件、聊天室、網路會議、雲端這類工具運用自如，否則沒辦法工作。並且需要積極運用今後不斷推陳出新的新工具，如虛擬實境、數位複製。

更重要的是，要重新組織本書介紹的技能和推進工作的方法，以符合遠距辦公的需要。以往的做法是以共有場所和時間為前提進行最佳化的結果，直接套用並不會順利。

遠距辦公的技術尚未發展成熟，每個人只能慢慢累積經驗。可以做到的人，相信會在接下來的時代中開花結果。

堅持力（GRIT）

A. Duckworth將把事情徹底做完的能力取名為**GRIT**。即取鬥志（Guts）、復原（Resilience）、主動（Initiative）、執念（Tenacity）的第一個字母組合而成。 勇敢面對困難，即使失敗也不放棄。凝視自己的目標，堅持到底。這是成功不可或缺的態度。

堅持力不是天分，而是一種能力。挑戰難度比現在高一點的課題、累積成功的經驗、和擁有堅持力的人一起行動等，對培養堅持力效果不錯。為了在日益嚴峻的商業環境中生存下去，我們必須練就懷抱熱情努力不懈的能力。

第 **6** 章

創造新價值的
知性生產類技能

從資訊中產生知性成果

學習力會造成產出的差異

資訊化社會到來，我們的工作絕大部分都與資訊的收集、生產、加工、傳遞有關。即便是從事製造業的朋友，想必實際負責製造的是機器，而人多數時候都在處理知識和資訊。

當時代如此演變，技能提升的思維也會大大改變。即使工作和私生活不同，時間和場所也不一樣，但使用的都是同一個大腦。腦中進行的作業並沒有太大的差異。

在腦力作業這一點上，兩者的區分已失去意義。我們每天在生活中使用頭腦的程度、學習的頻率，會大大影響到工作的生產力。

本章介紹的智力生產類技能，是過去學者和著作家們為了自身的工作培養出來的。如今，一般的職場人士也必須學會它們。

這一類技能可說就是大腦的肌力訓練。不一定會立即對工作有幫助。然而，日復一日腳踏實地練習，肯定會對工作的產出帶來影響。

鍛鍊大腦的知性生產類技能

吸收得少就不會有大的產出。平時多麼頻繁地張開觸角四處收集資訊，將大大左右成果的品質。

其中，閱讀是性價比最高的方法。要深入且大量的閱讀，需要一定的技能。

收集到的種種繁雜的資訊，經過適當的整理會比較好利用。使用筆記即可輕易做到。偶爾重看還會冒出新的想法。

此外，如果運用圖解來整理，複雜的資訊也能表現得簡潔利落。如果一併學習文書設計的技巧，即可增進對人的傳達力。兩者都是可直接

應用於工作、物超所值的技能。

　　在資訊氾濫的現代，經由人傳入的資訊更顯珍貴。平時就必須努力經營**人脈**，擴大情報網。為此必不可少的是深化交流的**閒聊**能力。

　　吸收的資訊要有產出才有意義。積極地**傳遞訊息**，會讓智力生產力提高。

　　另外，最重要的是學習如何學習。具備多少**學習**能力是進步和嫻熟的決定性因素。

　　這些並沒有正確的方法或既定的做法。研究出適合自己的手法，不間斷地加以改良很重要。為此，必須從學習前人們的經驗和知識開始做起。

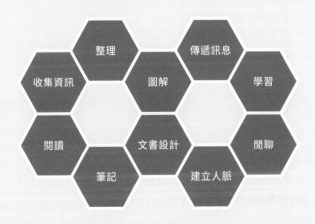

41

收集資訊

收集豐富多樣的資訊

想不到點子、無法判斷、煩惱無法消除……。這種時候應當質疑:「我擁有充分的資訊可供思考嗎?」資訊是所有知性生產活動的材料。平常若沒有養成張開觸角收集資訊的習慣,緊要關頭才著急也來不及。

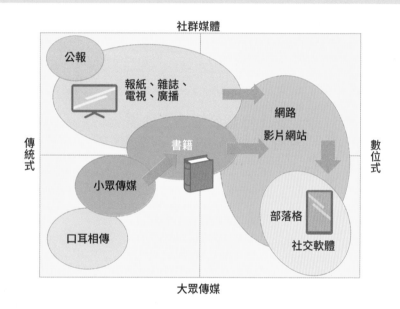

基本思維　**將知識輸入腦中**

　　為了某個目的搜集可資利用的訊息就是**收集資訊**。收集到的資訊好壞將大大影響智力生產活動的品質。

　　收集資訊時,懷著明確的目的和課題很重要。伸出名為興趣、關心的觸角,可增強對資訊的敏感度,提取出必要的資訊。坊間有許多資訊來源和收集資訊的工具。加以搭配組合,即可適時地獲取真正需要的資訊。

技能組合　將多個訊息來源的資訊組合起來

從媒體上收集　收集資訊最大的來源是大眾傳媒上公開發布的**二手資訊**。優點是容易取得且簡單易懂，可信度又高。

報紙和雜誌挑著看會很有效率。大略整個瀏覽過後，選擇感興趣的報導名稱和小標進一步閱讀。新聞的處理方式會是了解社會大眾關心什麼的線索。雜誌無限暢讀的服務很划算，利用圖書館來閱讀專業雜誌很方便。電視、廣播則對掌握社會脈動很有幫助。這些全是不定出時間和目的的話，便會淪為消遣娛樂，掌握不到有益的資訊。

對獲取專業知識必不可少的是書籍，也就是**閱讀**。需要具備快速、深入地大量閱讀好書的能力。讀完後如果能簡單整理出來，如寫讀書日記等，比較容易留下記憶。日後要運用也比較方便。

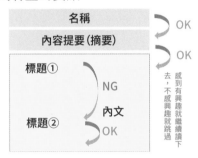

善用網路　沒完沒了地瀏覽網頁、查看名人的社群帳號不算是收集資訊。還是必須定出時間和目的，從玉石混淆的網路汪洋中找出值得信任的資訊。

為此不可欠缺的是**搜尋**能力。如何設定搜尋字詞和靈活運用**搜尋功能**（P170）是關鍵。問題是要如何辨識真偽。這沒有訣竅，只能從發布者（個人或團體）來判斷。至少需要比對多個網站的資訊。單憑網路上的訊息做判斷也很危險。

網路訊息變化快速，重要的訊息先存檔較為妥當。覺得查資料很麻煩的朋友，利用像Google快訊這種定期通知新消息的功能也是一個辦法。

●是什麼人（團體）寫的？
調查個人和團體過往的功績

●何時登載的？
舊資訊有過時之處

●是自己的想法還是引用自他人？
檢查證據和出處

●是否和其他網站的資訊有矛盾？
調查多個網站找出共同點

●是否和大眾傳媒的資訊有矛盾？
只依賴網路很危險

從人獲得　直接與人見面所獲得的訊

息是很寶貴的非公開資訊。話雖如此，但以交換過的名片數量自豪也沒有意義。不同才能、不同行業、不同領域等，與一般不會見到面的人多次見面會獲得有用的資訊。日常的**人脈經營**將是決定性的關鍵。

見面時要徹底**傾聽**，別做多餘的事。專注於眼前比拚命做筆記來得重要。如果有想了解的事，盡量具體且直截了當地**提問**，即使自己心裡已有假設也不要預作判斷。成不成功取決於你為對方提供的價值。

此外，要以對方的談話和態度為線索，努力去感受我們生活的世界和意義（**同理心地圖**）。這麼一來就能用對方的視角觀看世界。而這將帶來新的發現。

同理心地圖
Empathy Map
檔案
BS 商務公司
田中一郎
正在說話
Saying
正在思考
Thinking
看得見的東西
Seeing
聽得見的東西
Hearing
正在感覺
Feeling
正在做
Doing

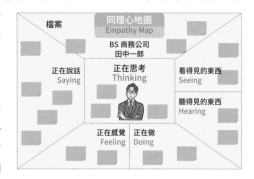

自己去發現　帶著主題上街、旅行、親近大自然，訊息自然會躍入眼簾。用自己的雙眼、雙腳換得的一手資訊是**獨一無二的資訊**，別人不會有。為此，親自走訪現場、仔細觀察實物、親自捕捉現實是最好的方法。這叫做**三現主義**。

重要的是別戴著有色眼鏡觀看。暫時不做判斷，只掌握事實。為此必須動用**五感**。

鬧區、車站、 公園等，值得觀察的現場要多少有多少。如果想實際感受流行和變化，就試著和那裡的人經歷同樣的事（**參與觀察**）。如果是觀察人物，觀察和平常人不太一樣的人（**特異點**）是不錯的方法。

別忘了將發現記下來或拍照做記錄。累積一些量時再回頭看，會有新的領悟。

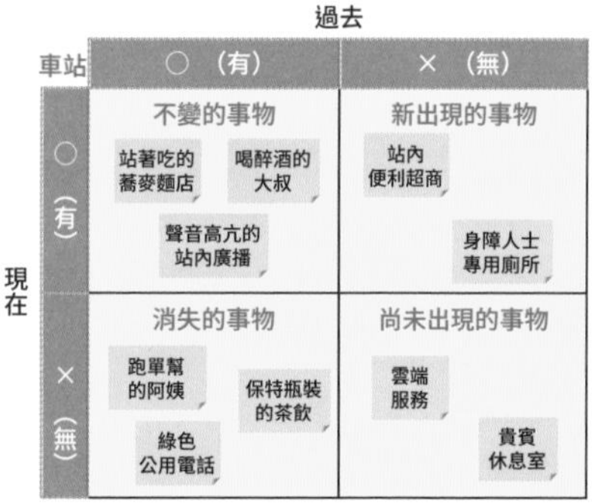

過去
車站
○（有）
×（無）
現在
○（有）
×（無）
不變的事物
站著吃的蕎麥麵店
喝醉酒的大叔
聲音高亢的站內廣播
新出現的事物
站內便利超商
身障人士專用廁所
消失的事物
跑單幫的阿姨
保特瓶裝的茶飲
綠色公用電話
尚未出現的事物
雲端服務
貴賓休息室

最初的一步　　將 畸 零 時 間 用 來 收 集 資 訊

　　不積極收集資訊的人常用的借口是「沒時間」。我能了解他們的心情，但真是這樣嗎？

　　據說Panasonic曾調查二十至五十多歲的男女，發現他們每天平均有一小時左右的**畸零時間**。感覺似乎有點多，但如果是指沒做什麼特別的事而浪費掉的時間，也許真有這麼多。

　　恐怕有相當多的時間都被用來滑手機吧？或是使用社群網站、瀏覽網頁。很遺憾的，這些不過是娛樂，稱不上收集資訊。既然難得擁有智慧型手機，用它來閱讀報紙、雜誌或查資料，將會成為自己的養料。

　　乾脆戒掉手機，將時間用來讀書（紙本書）也是一個辦法。資訊的吸收量會因為畸零時間的度過方式產生很大的差異。

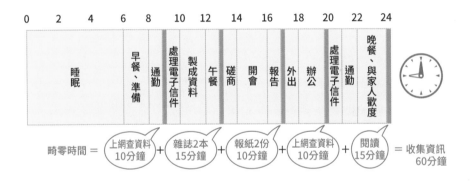

相關技能　　將 畸 零 時 間 用 來 收 集 資 訊

42 閱讀　閱讀的魅力在於可以用低廉的價格獲得高品質的知識。不僅能收集資訊，還能鍛鍊思考力和想像力。並能為工作和生活帶來啟迪。

47 建立人脈　「問人」是收集資訊最快的方法。為此，平時就必須經營廣闊的人際網絡。

49 傳遞訊息　無法專心致力於收集資訊的原因之一是，找不到什麼特別的用途使用收集到的資訊。要傳遞訊息（產出）才會試圖收集資訊（吸收）。兩者應當一體看待積極投入。

閱讀
深入閱讀大量的書籍

據說，有高達60％的職場人一個月讀不到一本書（樂天書城的調查）。換個角度來看，如果能讀很多書，吸取豐富的知識，和別人相比，就能取得很大的優勢。閱讀成為最強職場技能的那天，也許離我們並不會太遠。

書名	商業架構		評價	★★★★☆		留有印象的地方		製作	2021/9/20
作者	堀 公俊	出版	日本經濟新聞出版社		P24	蘭徹斯特策略→感覺各種場面都能使用！			
發行	2013年8月	價格	1,000日圓		P48	越普及的障礙，連接到早期採用者			

概要
- 以圖解方式講解商業上經常使用的架構
  →戰策、行銷、問題解決、管理、組織發展
- 以一個單元雙頁對開方式構成的口袋書

P60	揭示更高的目標和理想，沒有上進心便無法發現問題
P66	將千方百計湊出的資源投入於提升瓶頸部分的能力
P91	為什麼不做PDCA？
	→這就是我們公司！　非得改掉這一點！
P97	勉強／不均／浪費　→這部分也一樣！
P128	Will／Skill矩陣
P142	職涯定錨
P150	力場分析
P155	科特的變革八步驟
	→竟然有這種東西。好想試試看！

感想、學習
- 濃縮了所有必要的資訊感覺物超所值。即使快速翻閱也很有收穫。
- 或許可以放在包包裡隨身攜帶。想看時可以迅速取出立刻參考太好了。
- 我知道的只有十幾種（全部67種）。還有這麼大一個我不了解的世界讓我很震驚。尤其是組織發展方面，幾乎全是我不知道的。

疑問、意見
- 該從哪個學起好呢？　有順序嗎？
- 要實際用於工作單位該怎麼做？
  →用在會議上？　用於簡報？　或是……

行動
- 當作下次學習會的材料，大家一起閱讀。
  →屆時要討論在工作　單位如何利用架構
- 另外還有許多同樣的書也要參考看看。

基本思維　　從前人們的智慧中學習

要獲得知識和資訊，沒有比閱讀CP值更高的方法。書裡凝縮了前人們的智慧，有許多解決問題的線索。對增進思考力和溝通也將做出貢獻。

讀書的目的大致分為娛樂（消費）和學習（生產）。智力生產的閱讀術是職場人不可或缺的技能。即使在數位全盛時代，閱讀依然不失其重要性。

技能組合　　高 效 閱 讀

選書　要發現好書，只能在反覆嘗試和出錯的過程中培養選書的眼光。固然可以參考新書介紹、書評、書店和熟人推薦等，但最後還是要自己拿起書來判斷，別無他法。首先，是否被**書名**和**設計所**吸引？**作者**的簡歷是檢查內容可信度的材料。瀏覽**目錄**，稍微讀一下**前言**和開頭，以鑑別閱讀的價值。**版權頁**的發行年份和刷數會是了解這本書的評價的線索。

　　選書的廣度也很重要。為了提升素養，建議各位廣泛、多樣（**同時並行**）地閱讀各類書籍。想要不費力地學習，可以有效利用專業入門、圖鑑、精華選粹等的書籍。從過去的經驗順藤摸瓜式地閱讀相關書籍也是一個辦法。不怕失敗，想讀的書就立刻找來閱讀，否則會錯失機會。

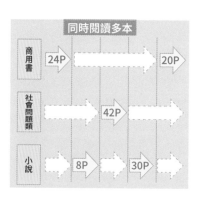

大量閱讀　為取得資訊的閱讀，非得快速閱讀大量的書籍才行。為此最好的方法就是挑著讀，只看必要的部分。

　　一開始先釐清目的，想知道什麼？接著閱讀前言和目錄，掌握整本書的全貌，同時探尋有無自己想要了解的資訊。再來就是快速翻閱，注意看**標題**和**強調的字詞**等，尋找必要的資訊。完全沒有必要全部讀完。如果覺得不如預期最好就不要讀。

　　過程中不用做**筆記**和**畫線**。立下「一本十五分鐘」、「一年兩百本」之類的閱讀目標，專注力就會提高，使閱讀速度上升。不必特地學習速讀法也能持續不斷地親近大量的書本。

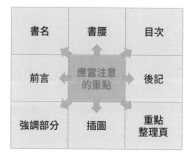

深入閱讀　為了思索的閱讀稱為**熟讀**

（精讀）。確保可專心閱讀的時間和場所，熟讀名著和必讀書目，可獲得巨大的學習和領悟。

熟讀必不可少的是**三種顏色的筆、便利貼、便條紙**這一類筆記用具。在心有所感的詞句上畫線，在空白處寫下自己的想法。也可以利用便利貼或折角的方式在重要處做記號，之後再轉錄。

熟讀可以說是與作者的**對話**。在深入理解作者想法的過程中進行批評式閱讀很重要，「真是這樣嗎？」、「OO不行嗎？」這樣能鍛鍊閱讀者的思考力。

①做記號

②記下來

此外，閱讀時若能思考「如果是我會怎麼做」、「對我有何幫助」，將會帶來成長。用這種方法閱讀，每次讀都會有不同的收穫，可以一再**重讀**同一本書。難得遇見的好書就是要重讀，否則可會暴殄天物。

整理內容 輸入的知識如果不試著**輸出**，會不知道是否真的內化成為自己的東西。輸出會比較容易留下記憶。或是浮現新的疑問而想要重讀。

最簡單的是寫**閱讀筆記**。整理摘要、感想、印象深刻的詞句等並記錄下來。也可以使用**心智圖**或卡片。嫌麻煩的朋友，留下簡單的字條就夠了。隔一段時間再看會有新的發現。

③輸出

跟別人講述也是一種很棒的輸出。腦中的思緒經過整理，會有助於知識的重新建構。其他方法還有將感想上傳社群網站、投稿新書介紹、寫書評、製作佳句集等。如此以輸出為目的進行閱讀，就能深入、愉快地閱讀一本書。

最初的一步　**很 厚 的 書 要 多 人 一 起 閱 讀**

　　想讀書，但沒把握有時間讀完一本書。我要推薦這樣的朋友，多人分擔閱讀一本書的活力**閱讀對話**（ABD：Active Book Dialog）。這是目前很受矚目的一種新的閱讀法。

　　ABD是將一本書以大約十頁為一個單位拆解成多份，由多人分頭同時閱讀。讀完後整理自己負責部分的內容，製成數張投影片，並準備A4大小的紙張。完成之後，利用兩到三分鐘，依序進行發表。最後所有人一起對話，進一步加深學習。

　　雖然也要看讀的是什麼書，有些書不讀前後也能有一定的理解。整理和發表這一類輸出作業可以促進理解。只讀一部分卻能獲得從頭到尾讀完的感受正是它神奇之處。當你想讀深奧難懂又厚重的書時，這方法尤其可貴。

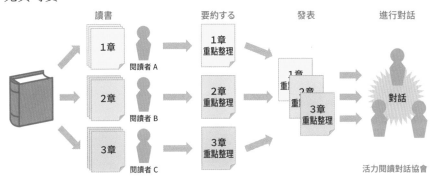

活力閱讀對話協會

相關技能　**很 厚 的 書 要 多 人 一 起 閱 讀**

02 批判性思考　對書本的內容照單全收，不能算是經驗老道的讀者。一面閱讀，一面發揮批判性思考並抱持懷疑，正是閱讀的樂趣所在。
28 全球化人材　富有才智和文化素養，才能成為活躍在全世界的人才。本國歷史和文化的豐富知識，對全球化人才尤其不可或缺。要獲得它，最簡單的方法就是閱讀。
50 學習　閱讀對於我們的成長至關重要。話雖如此，但只有閱讀的話會變成書呆子。與人相遇、旅行等真實的體驗也很重要。

43 整理
好好地收拾整理

老是在找東西的人;講話不得要領的人;事情安排不當,跑來跑去的人。這樣的人也許欠缺的是整理能力。整理能力並不僅僅是收拾物品和資訊而已,重點是要能夠有條不紊地思考。試著從原理開始重新學起,如何?

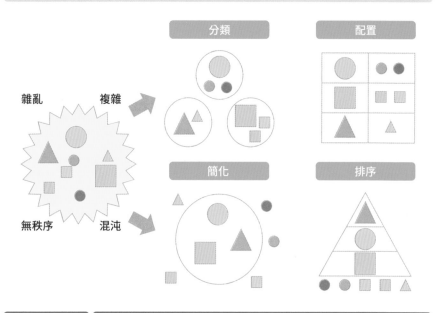

基本思維　　形塑秩序

　　從文件、資訊到思考和人際關係,所有事物一旦任其自然不加干預,**熵**(混亂度)就會持續加大,總有一天會無法收拾。整頓雜亂之物建立秩序即是**整理**這項作業的目的。

　　世界上有許多整理(收拾)的技巧。做法雖然有別,但原理相同。將四種整理的技巧搭配組合,任何事物都能收拾得整整齊齊,提高它的利用價值。

技能組合　**使 用 原 理 收 拾 事 物**

分類　各種文件散布屋內各處。這種時候我們經常會做的就是**分類**。將相近的事物歸成一類並為**類別**命名。因為藉由「分類」可以使人「理解」。

由**上而下型**（下降式分類）就是將整體大致分類後再進一步細分。反之，由**下而上型**（上升式分類）是將小區塊整合成一大塊。不論使用哪種方法都會形成金字塔狀的**結構**。

重點是要**用什麼進行分類**。一定要簡單易懂，否則會不知道該歸入哪一類，成為錯誤和混亂的源頭。假使整理是目的，那要避免使用獨創的分類方式。最好使用多數人容易理解、一般的分類方式。

```
            ┌─────────────┐
            │  產品A-100   │
            └─────────────┘
        ┌────────┴────────┐
   ┌─────────┐       ┌─────────┐
   │ 產品文件 │       │ 交易文件 │
   └─────────┘       └─────────┘
   ┌───┼───┐       ┌────┼────┐
 規  使  明     契   接   交
 格  用  細     約   單   貨
 書  說         關   和   驗
     明         係   訂   收
                     購
```

位置分配　有人不會整理，一天要找好幾次東西。建立秩序的目的之一，是將想要的東西放在方便拿取的地方。什麼東西在哪裡若能一目了然，就能省時又減少壓力。

以文件來說，將分類好的文件收進檔案夾，再制定規則，如按照文件編號順序、製作時間順序、製作部門順序，然後依序排在書櫃上。如果再進一步依年度分配書櫃，想要的文件在哪裡便一目了然。

或者，也可以使用將用過的文件放在面前，按使用頻率排列的**超整理法**（野口悠紀雄）。對於不擅長分類的朋友，這是最適合的方法。不論採用何種方法，別忘記用標籤將位置分配的規則可視化。

精簡化　不經過精簡直接整理複雜的事物會很費力。如果能將它**簡化**，分類和配置都會

輕鬆得多。

比方說，多數商業文件都有附件。在主文件上註記要參閱什麼資料再將附件刪除，即可相當程度減少文件的量。將分量多的<u>文件進行匯整</u>也是不錯的方法。選定格式，如「一張A3紙」，再匯整必要的資訊。轉為數位資料和微型膠卷也算是**精簡化**的一種形式。

對象如果是物品，有種方法是<u>用某樣東西代替，減少重複</u>。好比，假使抽屜裡滿是各式各樣的筆，就用一支四色筆取代。

一旦精簡化便無法完全復舊，會出現一些弊病。衡量得失之後再做會比較保險。

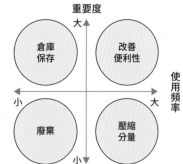

市場調查報告書
計畫宗旨書
概念說明書
開發提案書

新產品企畫書
●計畫宗旨
●市場調查
●產品概念
●開發提案

排序 另一個整理時常會做的是排出**優先順序**（Priority）。很簡單的方式是分成立刻需要和目前不需要兩類，前者放在容易取用的地方，後者則收到裡面。<u>完全不需要的就扔掉</u>，是上上之策。**KonMari Method**（近藤麻理惠）和**斷捨離**（山下英子）等，即是將重點擺在這方面的整理法。

問題是要如何判斷必要性。**重要度**和**使用頻率**常被用來當作判斷標準，不過最佳標準會因對象而異。尤其難做決定的是要不要扔掉，有些人會為此設定一個標準。

不管使用什麼標準，<u>不機械式、毫無例外地順應規則</u>的話，永遠沒辦法整理。為了斬斷依戀，回到最初的目的很重要。為整理而整理的話會下不了決心。

重要度
大

倉庫保存
改善便利性

使用頻率
小　　　大

廢棄
壓縮分量

小

最初的一步　**不 盲 目 地 擴 大 容 器**

　　工作量會不斷膨脹，直到將規定完成的時間填滿為止。這是俗話說的**帕金森定律**。意思是，組織的宿命就是只要有多餘的時間和人力，工作就會持續增加直到用罄。

　　如果套用在金錢上，就會是支出的金額不斷擴大，直到與收入打平為止。因為今年度的預算多出，便趕緊購買備用品、出差，正是帕金森定律的表現。

　　總之，容量是由容器的大小決定。比方說，只是因為房間小很亂就搬到更大的房子，早晚房子還是會被東西塞滿，演變成無計可施的狀態。

　　擴大容器不過是權宜之計，只會使情況更加惡化。如果想整理，不要盲目地擴大容器才是明智的做法。

相關技能　**將 腦 中 整 理 得 一 絲 不 紊**

36 時間管理　整理技能在時間方面也能發揮力量。如果有人每天被時間追趕，不妨試著先整理自己的生活作為時間管理的第一步，如何？

41 收集資訊　即使收集再多的資訊，不經過整理也無法利用。而且整理資訊的過程中會有許多發現。

45 圖解　圖解對於整理資訊和思考能發揮出眾的力量。透過圖像表達，再複雜的事物都會立刻變得容易理解。

筆記
統一管理資訊

重要的事要記下來。不過，我們有時會找不到關鍵的紀錄，或根本忘記曾經記錄過。筆記可以統一管理資訊，以免這種情況發生。儲存下來的資訊將對新知識的創造做出貢獻。製作筆記的技巧可是不容小覷的職場技能。

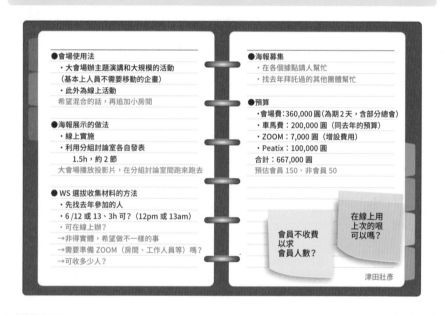

●會場使用法
　・大會場辦主題演講和大規模的活動
　（基本上人員不需要移動的企畫）
　・此外為線上活動
　希望混合的話，再追加小房間

●海報展示的做法
　・線上實施
　・利用分組討論室各自發表
　　1.5h，約2節
　大會場播放投影片，在分組討論室間跑來跑去

●WS選拔收集材料的方法
　・先找去年參加的人
　・6/12或13、3h可？（12pm或13am）
　・可在線上辦？
　→非得實體，希望做不一樣的事
　→需要準備ZOOM（房間、工作人員等）嗎？
　→可收多少人？

●海報募集
　・在各個據點請人幫忙
　・找去年拜託過的其他團體幫忙

●預算
　・會場費：360,000圓（為期2天，含部分總會）
　・車馬費：200,000圓（同去年的預算）
　・ZOOM：7,000圓（增設費用）
　・Peatix：100,000圓
　合計：667,000圓
　預估會員150、非會員50

會員不收費以求會員人數？

在線上用上次的哏可以嗎？

津田壯彥

基本思維　改「記憶」為「記錄」

　　英文的原意是「記下」。大學筆記本、手札、平板電腦等用來**記錄**資訊的物品就叫做**筆記**。

　　透過書寫可以整理想法，比較容易留下記憶。即使忘記，重看筆記就能隨時將資訊正確地傳達給別人。知識和資訊被積存在筆記裡，將是新發現和覺察的源泉。要達到這一步，不僅工具的使用方法很重要，記錄什麼也很重要。

技能組合　**在 工 作 中 善 用 筆 記**

用於備忘錄　會議、磋商、預約、洽談生意、出差、研習、視察、採訪……。與人談話的內容不記錄下來的話很快就會遺忘。為免紀錄散失，最好將一切按時間順序記在筆記裡。也可以一邊談話一邊展示筆記內容。還可以當作可視化的工具使用。或是將資料縮小影印當作附件，或是貼上名片。如果有自己該做的功課，也要謄寫在稍後介紹的**任務管理表**上。

做筆記講求速度而非整齊美觀。為此，利用縮寫、記號、圖畫等，效果很好。也常常發生寫得太急事後看不懂的情況。養成寫好後務必檢查內容的習慣，是預防這種情況的特效藥。

項目	縮寫、記號
活動	會議（M）、出差（T）、專案（PT）
職位	部長（B）、次長（J）、課長（K）、主任（S）
優先順位	最重要（◎）、重要（○）、緊急（★）
變化	增加（↑）、停滯（→）、減少（↓）
連接詞	比方說（ex）、所以（∴）、假如（if）
5W1H	地點（@）、同行者（w/）、時間（h、m）
商業用語	資訊（info）、預約（ap）、帳單（inv）
E-mail用語	回信（res）、附註（ps）、轉傳（fw）

用於任務管理　利用筆記統一管理任務和日程表，工作效率就會提高。比方說，**製作一個月（週）的計畫日程表**，將會議、約會、出差、交件期限等全部寫上去。

每天早晨查看日程表，列出**待辦事項清單**，完成的項目就刪去。或者，也可以利用**看板**（未著手、已著手、完畢、擱置）**自我管理進度**。這樣，筆記就能幫助我們排出工作的優先順序，並時時掌握工作的全貌。

用以記下創意　靈感會突然降臨。不立刻記下來作為腦力活動的材料

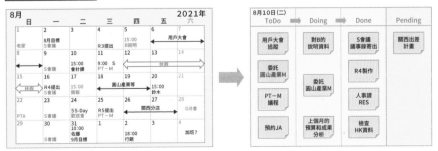

太可惜。在意的訊息、出差時的發現、覺得感動的話語、工作上的領悟等，將腦中浮現的想法自由地記在筆記裡。只記下關鍵字也沒關係。如果無法形諸於文字，可以利用插圖或圖解來表現。附上剪裁的資料或照片也是一個辦法。

不時翻閱**創意筆記**，會發現適合企畫或演講的好題材。時間寬裕時，將想法搭配組合，或利用**心智圖**等在筆記上**腦力激盪**一下，也是個好方法。

奇怪的是，只要擁有創意筆記，對資訊的敏感度就會大增。如果給自己定個目標，如「每天必定記下三個發現」，你將會開始注意到許多事。

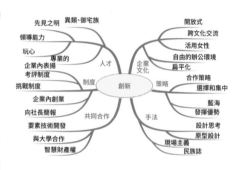

用以記錄人生　最簡單的就是原原本本地記錄當天發生的事或自己採取的行動（**日誌**）。一天兩、三行就夠了。只是記下起床、就寢時間和吃了什麼食物也好。覺得不夠的人，也可以一併記下自己的感受、心裡浮現的念頭、家人或朋友的話語等（**日記**）。

重要的是日後重讀。你將會發現平常不會意識的自己。更甚者是獲得對今後有用的歷練、找到新的目標。它是讓生活可視化，提高**自我認識能力**的工具。

其他還有閱讀筆記、出遊（出差）記、減肥日誌、酒館放浪記等等，這些無比珍貴的生命紀錄（**Lifelog**），也可發揮同樣的功效。建議大家記錄自己的目標達成度，檢視自己當初設定的目標實踐了多少？以自我觀察而言，這是相當不錯的工具。

五誓言（2021年版）	12 (一)	13 (二)	14 (三)	15 (四)	16 (五)
①每天走10000步以上	○	○	×	○	○
②一天練習15分鐘以上的英語會話	△	△	○	○	○
③一天讀20頁以上的書或雜誌	○	◎	○	◎	△
④每天勉勵家人或部下	○	△	○	△	○
⑤時時面帶笑容	△	○	△	○	×
綜合評價	○	△	○	△	○

最初的一步 ┃ **不 過 度 挑 揀 工 具**

好！我要從明天開始做筆記。如此決定的朋友，首先面臨的問題就是「要使用怎樣的筆記工具」。尤其惱人的是，**傳統式**（紙本筆記、手札）和**數位式**（智慧型手機、平板電腦、桌上型電腦）各有優缺點。也有兼具兩者特點的新式工具，不過，不能否認它看似方便但給人半吊子的印象。很難找到最後決定的關鍵。

我的建議是，不要試圖一開始就找到最終最完善的筆記。只要有吸引你的地方，就先試用看看。在文具店找到一本漂亮的手札，這樣就夠了。趁換新手機的機會開始做筆記也OK。

一旦開始講究工具，好好使用那項工具便成為目的，往往失去了做筆記的意義。工具會不斷進化，要持續嘗試在錯誤中學習。不管使用什麼工具，持續記錄都有它的意義，讓我們記住這一點。

傳統派　　　成本低　　　　　　　　方便搜尋　　　數位派
　　　　　　一覽性高　　　　　　　容易分類、整理
　　　　　　方便瀏覽　　　**筆記工具**　容易加工、轉傳
　　　　　　可隨意記錄　　　　　　任何地方都可記錄
　　　　　　容易獲得靈感　　　　　　容量大
　　　　　　容易留下記憶　　　　　　不笨重

相關技能 ┃ **進 一 步 活 用 筆 記**

41 收集資訊　筆記的品質取決於當中所記錄的資訊。尤其是創意筆記，資訊的吸收更是關鍵。

43 整理　費盡心力積累的資訊，沒辦法只存不用。如果整理得當，會有意外的發現或引發一連串的靈感。

50 學習　筆記中記載的各式各樣紀錄是那人的工作和生活寫照。能否從中獲得對人生有用的教訓，或只是單純的紀錄，取決於當事人。這關係到他具備多少學習能力。

45 圖解
將思考視覺化

「你做的資料很難讓人看懂。」如果被人這麼說，其中一個解決的辦法就是採用圖解。碰上錯綜複雜的問題時也是，透過畫圖來思考，整個結構就會逐漸清晰起來。圖解技能對報聯商、簡報、企畫、會議等所有的工作都很有幫助。

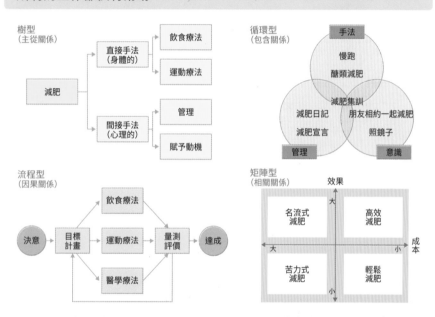

基本思維 **顯示事物的結構**

　　利用圖像來說明就是圖解。錯綜複雜的事物，畫圖要比用言語絮絮叨叨地說明容易理解得多。用圖像來思考可以整理腦中的思緒，發現值得探討的重點。而且圖像比較容易留下記憶，光是看著圖想法就會逐漸擴大。

　　圖解是一種出色的工具，可廣泛運用於整理、分析、傳達、構思等智力生產活動。只要掌握透過圖像思考的能力，工作就能加速。

| 技能組合 | 利用圖像來思考事情 |

用圖說明關係　表現事物結構（關係）最簡單的形式就是用線條連接要素。這是圖解的基本形式。只是用線條將相關元素連接起來，整體的結構就會顯現。

這時如果使用**箭頭**即可表現關係的性質。原因和結果（因果關係）；之前和之後（時序關係）；選擇或矛盾（對立關係）；施與受（交換關係）等，透過圖解來表現會更容易理解關係。

圖解的另一種基本形式是用圖形將類似的事物**圈起來**。這麼做可以讓眾多元素匯集成數個集團，比較容易掌握事物的全貌。

乍看似乎很複雜的圖解也是透過「連接」、「圈起來」的方式完成的。圖解就從靈活運用這兩種形式開始。

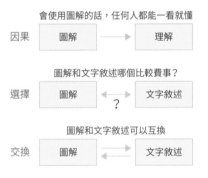

正確地使用構圖　利用圖解來整理事物，有一些經常出現的構圖（布局模式）。也就是所謂圖解的型（結構）。比方說，**樹型**適合用來表現大分類→中分類→小分類這種層級結構。要素的性質互相重疊時就適合用**流程型**。以兩種切入點整理特徵的**矩陣型**也是經常被人使用。其他還有許多模式，如**金字塔型**、**循環型**。兩者都只是變體，能靈活運用前面四種構圖大抵上就足夠。

套用其中一種模式製作圖解即可少花一點腦筋。再加上自己的整理、搭配組合是種聰明的做法。

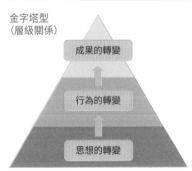

正確地使用圖表　Chart是顯示質的方面的關係，而Graph則顯示量的方面的關係。兩者也是很重要的圖解形

式。同樣可以分成幾種型。典型的有顯示數量的**條狀圖**、顯示變化的**折線圖**、顯示比例的**圓餅圖**、顯示分布的**直方圖**、顯示波動的**散布圖**等。這比用表格列出一堆數字更容易理解得多。

不同於Chart，Graph**講求正確性**。要使用得當，必須具備**活用數據**的能力。Graph的可怕在於，可以透過改變顯示方式（如縱軸、橫軸的刻度）來操縱觀看者的印象。可說是很考驗使用者良心的圖解形式。

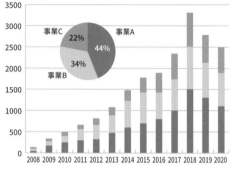

提升表現力 只要在圖解的設計上稍作調整，訴求的力道便大不相同。比如，**圖形的大小**、**箭頭的粗細會被認為代表了重要性**，必須與內容一致才行。加底紋、鏤空這一點的**強調**手法也是一樣，過度使用反而會難以分辨重點。**文字**的字體、大小、顏色等，也是左右整體印象的重要元素。

配色上也要用點心。盡量減少用色數量，採用符合辦公風格的素雅色調。並要考慮到資料黑白影印時的情況。元素也要**排列**整齊，否則會感覺雜亂無章。最後整個資料的**版面**設計好了，圖解便完成。

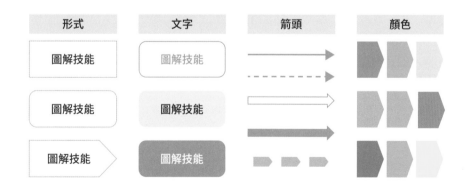

最初的一步 **從 手 寫 的 便 條 開 始**

　　即使一開始就想啟動PowerPoint製作圖解，也要花些時間才能上手。要先能夠以手寫方式在紙上繪製簡單的圖解。我稱它為**圖解便條**。這是很好的圖解練習，如果只是簡單的磋商、整理腦中思路，它可以充分發揮作用。

　　它也會成為用電腦製作資料時的試寫稿。當你在聽別人講話做記錄時，做成圖解便條日後使用起來會比較方便。開會時也可以利用它作為**圖像引導**（P103）。

　　對製作圖解便條也有困難的朋友，我建議從條列要點（**概要**）開始。挑出所有關鍵字詞、短句寫在筆記或便條貼上，然後看著清單思考如何做成圖解。不管怎麼說，最初的構想在圖解中至關重要。手寫是最好的鍛鍊方法。

相關技能 **將 圖 解 有 效 利 用 於 工 作 中**

34 電腦　製作漂亮圖解的時候必不可少的是商業軟體當中的繪圖功能（Drawing）。這需要自由自在運用豐富多樣的功能，同時快速繪製圖解的能力。

44 筆記　筆記是圖解大肆發威的場域之一。隨身攜帶小型素描簿和大約十種顏色的筆，走到哪裡都能繪製美麗的圖解。

46 文書設計　即使能順利畫出圖解，但如果整個資料難以理解也沒有意義。不懂文書設計會糟蹋了好不容易繪製出的圖解。

文書設計

提升傳達力

好想製作又酷又好看的資料。你心裡這樣想而開始嘗試，但為了填塞必要的資訊已用盡全力。最後總是哀嘆做出來的資料粗俗且缺乏美感。八成就是因為你不具備設計能力的關係。只要抓住重點就能讓資料幾乎煥然一新，訴求力大增。

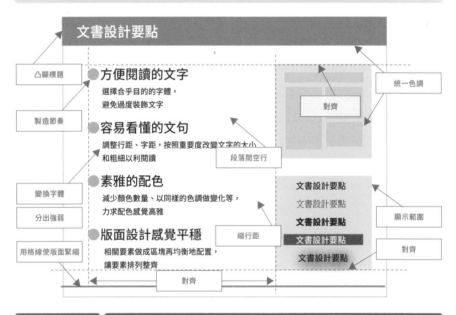

基本思維 ｜ **設計資訊**

　　簡報投影片、企畫書、網站等，將工作所需的資訊做成具體形式即是**文書設計**。它不僅僅是為了製作美觀的資料。「將你想傳達的意思結構（邏輯）反映在外觀的物理性結構（版面配置）上」（高橋佑磨）才是目的。

　　設計不是品味，而是一項技能。只要記住許多為了讓人容易看懂的規矩（規則），任何人都可以製作出漂亮且易於理解的文書。

技能組合　**踐 行 設 計 的 規 則**

文字設計　文章的易讀性很大程度取決於字體（字型）。讓人閱讀像報告書那樣的長文要使用**明體**或細黑體。再把標題部分設為粗黑體的話，就會很引人注目。

　　另一方面，簡報資料等呈現短句的文書則適合黑體字。海報體、毛筆字體等的特殊字體，除非有什麼特別需要，否則工作上不會使用。外文就用外文字體，如果夾雜著日文，要盡量分別使用不同的字體。

　　想強調什麼字時有許多方法，如設為**粗體**（Bold）或**斜體**，或是改變字的顏色、使用底紋或反白字。不過，過度使用會有反效果。

使用明體字型
使用黑體字型
使用粗黑體字型
用粗體字強調關鍵字
改變字的顏色
文字加底紋
將文字反白

文章的設計　決定主文的文字大小，估算每行的字數和每一頁的行數。**字距**、**行距**太窄或太寬都不利閱讀，而且會因使用的字體而異。文字要確實分出**強弱**。將重要部分的文字加大，以誘導視線。

　　如果感覺一行字過長就**分欄**。有分段或使用條列式時，間隔的設定決定了易讀性。插入**小標**時要將文字加大、加粗等，以與主文分出強弱，使結構更易於理解。也要注意換行的位置和行尾凸出的問題。

適當的行距　**0.7 個文字**

　　為了某個目的搜集可資利用的訊息就是資訊。收集到的資訊好壞將大大影響智力生產活動的品質。

　　收集資訊時，懷著明確的目的和課題很重要。伸出名為興趣、關心的觸角可提高對資訊的敏感度，提取必要的資訊。坊間有許多資訊來源和收集資訊的工具。加以搭配組合，即可適時地獲取真正需要的資訊。

適當的段落間隔　**1.5 個文字**

●**決定字數和行數**
　決定字距、行距、欄數

●**決定段落間隔**
　決定段落數和間隔再進行配置

●**設計小標**
　決定小標的強弱和行首符號

●**調整正文的長度**
　討論換行的位置和行尾的處理

顏色的設計　配色是決定一份文書給人的印象很重要的元素。顏色過多的話會不利閱讀，四色為極限。太過鮮豔的顏色並不適合商業文書。使用樸素一點的顏色，看起來也會比較嚴謹。

至於顏色的搭配，同樣**色調**但**亮度**和**飽和度**不同的顏色，或亮度和飽和度相同但色調不同的顏色，配起來都會很合。如果要強調，就使用**互補色**。感覺顏色太多的話，加入**灰色**就會看起來很協調了。

將想強調的文字做成別種顏色，製造文字顏色和背景色的反差使它**跳脫出來**也是一個好方法。無論如何，請賦予每個顏色一個意義，定出規則後再使用顏色。否則會讓看的人感到混亂。

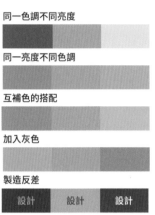

同一色調不同亮度

同一亮度不同色調

互補色的搭配

加入灰色

製造反差

設計　　設計　　設計

版面設計　版面配置是要讓刊載資訊的結構明朗化。設計時，基本做法是把題名、正文、小標、圖片等的元素看作一個個塊狀圖形進行**區塊化**。之後再考慮視覺上的強弱（重要性），均衡地配置。

這時必須注意**視線的流動**，如由上到下、由左到右。製造重複的模式就會產生**節奏感**。**跳躍率**（標題字與正文字的大小比率）也是一大重點。放大會產生躍動感，縮小則給人很正式的印象。保留適當**間距**讓各個區塊**對齊**，並安排整體布局也很重要。

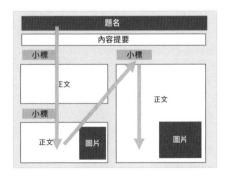

　從 單 色 的 制 式 文 書 開 始

　　提到文書設計，我想多數人腦中立刻浮現的是**簡報資料**（PowerPoint）。不過，設計投影片還必須考慮版面配置和配色，容易顯現出技術的優劣。先從定型化的**單色文章**（Word）開始設計比較保險。

　　重點是**擺脫電腦打字的味道**。變換字體、將段落區塊化、讓文字強弱分明，利用這一類技巧就能增加文章的易讀性。在不至於低俗的範圍內提高跳躍率，衝擊力就會增加。不用顏色也能讓訴求力提高許多，非常適合用來學習基本功。

　　同時還要盡量多看雜誌、廣告傳單、車廂吊環廣告等專家做的商業設計，學習版面配置和配色的實務技巧。而且，做好準備再去挑戰PowerPoint，就結果來看，保證會進步得更快。

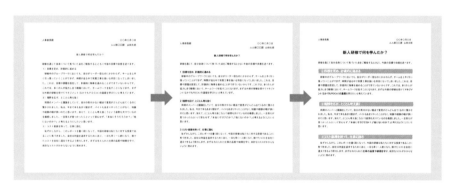

相關技能　**提 高 設 計 的 效 果**

16 簡報　以視覺方式表達自己想訴求的內容即是文書設計。簡報如果設計得不好，便失去做簡報的意義。

20 寫作　不易看懂的文章經過設計，訴求力會提高。前提是要能夠寫出合乎邏輯的文章，不論是誰都能看得懂。

45 圖解　圖解、照片、表格等的視覺素材是文書設計很重要的元素。如何設計安排版面直接影響到易讀性。

47

建立人脈
培養人際網絡

所有人應該都對人脈的重要有實際的體認。然而,若問我平常花多少時間在那上頭,充其量就是經常去喝酒聚會罷了。更何況是經營公司外的人脈,我腦中只想到同學會。在透過網路可以輕易連結的時代,更會需要實體人脈。

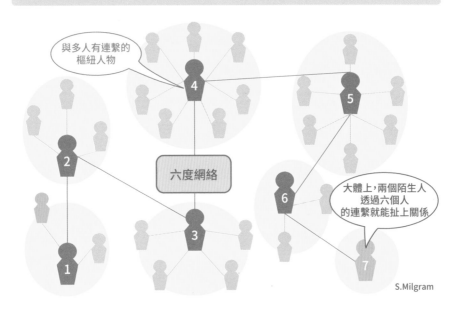

與多人有連繫的樞紐人物

六度網絡

大體上,兩個陌生人透過六個人的連繫就能扯上關係

S.Milgram

基本思維　培養對工作有幫助的人際網絡

　　人與人的關係就是**人脈**。這裡把建立對工作有幫助的關係的行為稱作**建立人脈**。擁有豐富的人脈,資訊的質和量就會提高,可以互相彌補能力上的不足。機會也可能降臨。

　　建立人脈應當追求的是對等的關係。就是能夠超越得失,互相切磋琢磨,共同成長的關係。光是在一起就能獲得刺激和能量。為了建立這樣的人際網絡,有一些應當掌握的技能。

| 技能組合 | 有意識地採取行動 |

建立關係　有許多場合可以開拓人脈。如果只是想結識更多人，善用異業交流會和社群網站是很簡便的方法。不過，並非認識的人愈多愈好。要認真建立關係的是**關鍵人物**和**樞紐人物**。為此，研討會、學會等的學習場合，或是志工或社區活動等**共同努力完成一件事**的場合很適合。

初次見面時，第一印象（尤其是最初的一分鐘）很重要。因為**初期效應**的作用會一直持續，影響到日後的評價和判斷。因此包括外表在內，都要在不過度誇飾的範圍內演出自己。自我介紹也要事先想好，否則無法順利打動人。反之，對方演的成分也不少。必須小心由外表、經歷等產生的**月暈效應**。

	強聯繫	弱聯繫
優點	共有的訊息成為話題的中心，共鳴度高。在共同的語境下談起事情來很快。	擁有的資訊和人脈的很少重疊。在獲得新訊息上效率高。
缺點	往往反覆回味同樣的話題。資訊的重複和浪費多，考慮到花費的成本，新訊息的取得並不容易。	有共鳴的話題很少，難以獲得一體感和安全感。需要花工夫去維繫關係

維持關係　關係的維持比開拓要費工夫。首先，要勤於聯絡，迅速回覆對方的來信或來電。如果能定期性地多次會面最理想。因為**單純曝光效應**（P151）會起作用，使好感增加。此外，並肩而坐、找出共同點、注意變化、一起用餐等的行為，對增加好感也有幫助。

最好的是幫忙做一些事。可以的話，盡量主動攬下令人反感的差事、提早取得成果。因為可以讓對方知道自己的能力。對方接受了這樣的好意，**互惠性**就會起作用，想要予以回報。

從自己的人脈中介紹一位特別的人物給對方認識也是個好主意。是這種實際行動的積累拉近了彼此的距離。以對方的角度去思考自己可以做什麼很重要。

深化關係　建立牢固的情誼必不可少的是**自我**

揭露。一旦說出無法向人吐露的煩惱和祕密，對方就會認為那是自己受到信任的證明。因為互惠性的作用，對方也會試圖做同樣的事。於是<u>互相敞開心扉</u>，使得信任逐漸加深。要做到這一步，私下的交往很重要。

另一個很重要的是**互助的經驗**。在對方遇到困難時伸出援手，自己需要幫忙時則尋求幫助。有借就要有還。不能立刻還的話，就要花些時間一點一點償還。若不是互相幫助的**對等關係**，無法久長。為此，最好的就是共赴艱鉅任務（修羅場）的經驗。

重要的是Give，不是Take。必須思考的是「我能夠為他做什麼」，而不是「他對我有什麼幫助」。能互相為對方「拔刀相助」的關係才是真正的人脈。

	低	高
自信能夠幫助對方 高	後輩朋友	**對等的人脈** 人脈網的一員
自信能夠幫助對方 低	關係脆弱的朋友	**灰姑娘人脈** 師徒關係

高田朝子　　**自信對方會幫助自己**

自我淬煉　能否建立好的人脈網絡，最終取決於自己。既無權力又不具聲望的話，唯有靠**人的魅力**來吸引大家關注。無止境地持續挑戰；堅持不懈地學習和工作；總是想著要對人有所幫助。若不具備這種能把人吸引過來的魅力，沒有人會願意靠近。

工作能力也是一大重點。畢竟，幫助一個沒有能力幫助你的人，也不能指望他回報。具體來說，如擁有最尖端的資訊、別人模仿不來的技術、留下了不起的成就。

最重要的是好好鍛鍊自己的能力、提升個人魅力，擁有自信。若能如此，關係肯定會自然擴大。這正是所謂的「物以類聚」。

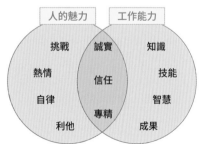

人的魅力　工作能力

挑戰　誠實　知識
熱情　信任　技能
自律　　　　智慧
利他　專精　成果

　自 我 宣 傳

　　想要進一步擴大人脈。有此想法的朋友，我建議最好自製一張有別於公司提供的名片，以私下使用。請務必加上頭銜。

　　想製作**個人名片**，不能不先自問：我真正的工作（職業）是什麼？如果無法順利得出答案，那就取個時尚好聽的名字吧！只是將它寫在名片上，就能體驗到成為專業人士的感覺。

　　我偶爾會遇到名片上排滿一堆證照資格和所屬團體名稱、「令人尷尬」的人。別人想知道的是「你是誰」。找不到頭銜可寫的人，也許在建立人脈之前還有一些應當做的事。

　　製作完成的名片要當作第二張名片用於初次見面的對象。「其實這才是我的本業」，遞出名片後附上一句：「如果有我可以幫忙的地方，不要客氣」。只要對方開始感興趣，或目光有所改變，那就成功了。

相關技能　**與 人 相 處 融 洽**

11 溝通　不善溝通便無法擴展人脈。聽、說、問、觀這一類的基本技巧必不可少。

41 收集資訊　如果能讓周遭的人都認為你消息靈通，人脈網絡就會擴大。於是能透過這樣的人脈得到種種消息。

48 閒聊　在建立關係上不可忽略的是閒聊。因為透過自然的交談能互相深入了解，或是聊得興高采烈、意氣相投。光是善於聊天就是可以把人吸引過來的一大魅力。

48 閒聊

使談話愉快有勁

許多人會談正經事卻不善於閒聊。會打招呼，但之後便無法繼續交談。即便氣氛尷尬，但就是想不出該說什麼好。如果很會閒聊，就能建立良好的關係。甚至有人說「閒聊才是最厲害的職場技能」，它就是這等重要的能力。

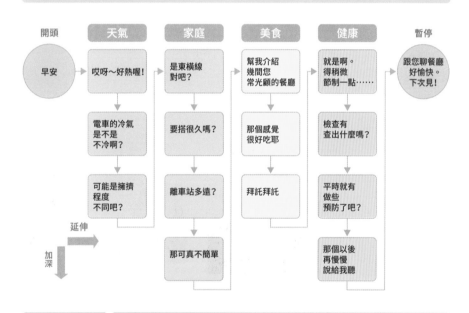

基本思維　為人際關係塗抹潤滑劑

　　不定主題，不求結論，輕鬆地說些無關痛癢的事就是**閒聊**（Small Talk）。其目的是透過講話交流彼此擁有的資訊和情感，「與對方建立並維持良好的社會關係」（清水崇文）。在使商務和工作進展順利上不可或缺。

　　正如我們在電視脫口秀節目中所看到的，閒聊是一種看似簡單卻深奧的技能。背後隱藏著各種訣竅，如話題的挑選和如何銜接等。

技能組合	引領談話的走向

開頭　閒聊要從略微亢奮的心情和笑容主動攀談開始。關鍵在於打完招呼的下一句話。在四種開啟話題的方法中，較容易持續下去的是發問。只要是關於雙方共有的事物，就會順利進入閒聊。即談話現場有的事物，或是能夠透過五感共同感受的事物。

以可用YES／NO回答的**封閉式問題**（P73）發問，對方會比較容易回答。略微溫和的詢問：「可能是OO吧？」也是一種常用的方法。接下那回答後繼續提出相關的問題。若能在閒聊過程中盡可能讓對方說話，對方的滿意度就會提高。初期每次發問都加上名字，「是OO嗎？鈴木先生」，就能迅速縮短彼此的距離。

清水崇文

加深話題　發問必定一問一答。一開始先問對方知道的事（事實和經驗），再一點一點慢慢深入對方的內心世界（感受和思想）。自然而然地增加5W1H的**開放式問題**（P73）。要小心避免變成盤問。一面這樣做一面和對方一起探究他真正想說的話、希望你明白的事。

這時必不可少的就是**傾聽**。應聲附和、點頭等做得誇張一點，比較容易讓氣氛熱絡起來。希望對方再多說一些時就重複對方的話或加上「原來是這樣」。不否定對方的話，如果覺得怪怪的，直接發問是明智的做法。

有時對方會說些消極負面的話。先稍微同理他，之後再幫他**轉換**看事情的角度或評價事情的基準，氣氛就不會那麼陰鬱（舉例：雖然不順利，但已比以前進步了）。

種類		例句
完結型	贊同	就是啊，你說得對
	共感	很期待是吧，畢竟很努力了
	認同	真是厲害！　我以前都不知道
促進型	促進	然後怎麼樣了？
	轉換	對了，說到這個……
	整理	總之，意思就是……

櫻井弘

延伸話題　**不斷轉換話題**，同時又能與

剛才聊的話題扯上關係，正是閒聊的樂趣所在。盡量參考「天愛新旅熟家健工衣食住」的原則，聊些時下熱門題材。比較可靠的是**共同的話題**（屬性、嗜好、體驗、熟人等）和過去聊得很起勁的話題。比起不入流的雜學知識，實用性話題更容易使人談興大增。如果平時在生活中有**收集題材**，就不會慌了手腳。

遇到自己不甚了解的話題時，要抱著好奇心求教。如「什麼時候要○○？」、「怎樣的人會○○？」、「做了○○會變怎樣？」。不過，「為什麼要○○？」的問題很難回答，盡量少問。

另一方面，自己說話時要藉由**自我揭露失敗的經驗**、略微誇飾、一人飾兩角等的方式，使閒聊愈聊愈起勁。回答問題時要記得多說一句，以延續到下個話題（舉例：是的。比方說……）。

坦承「話題都用光了」也不錯。這比拙劣的笑話更能緩和現場氣氛。

暫停 想結束閒聊轉入正題時用「話說」，感覺很突兀。以「所以我今天來就是要談○○」與正在談的話題**連上關係**，就能順利轉換。沒正事要談、想結束閒聊時，在道別之外盡量加上一句具體感想，如「跟您聊○○非常愉快」，可以讓人留下好印象。

閒聊不需要結論和笑點。與其整個談完不如中途結束：「我還想聊○○，下次有機會我們再聊！」，更容易讓對方留下印象。這叫做**柴嘉尼效應**。藉由這種方式讓對方覺得「還想和這人聊天」，正是閒聊大師的手法。

　找 安 全 的 對 象 練 習

　　家人和親密的友人很適合作為閒聊的練習對象。不過，如果太過親密不用說也能意思相通，會感覺不到效果。而採取不同於平時的態度，對方又會用驚訝的眼神看你，所以其實比想像得要困難。

　　因此，我建議各位以理髮店、餐飲店等**服務業**的從業人員作為練習對象。因為即使聊得很糟對方也會包容，不會露出絲毫不願意的表情。也有人本來就想聊天，便順水推舟。就算聊不下去也不會有什麼特別的困擾。同時也是學習服務業談話技巧的好機會。

　　一開始，打招呼外加一句話就夠了。以餐飲店為例，「您好！今天推薦的餐點是？」「謝謝。在這家店做很久了嗎？」，就像這樣。如何讓會話由此延伸開來正是展現本領之處。不過也要看對方和店內的情況，注意不要造成別人的困擾。

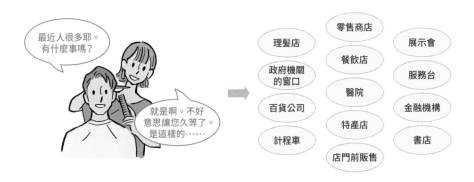

　更 加 享 受 閒 聊 的 樂 趣

11 溝通　在閒聊上，「怎麼聊」比「聊什麼」來得重要。如果溝通能力強，很小的話題也能聊得很起勁。透過閒聊可以鍛鍊溝通的技巧。

30 騷擾防治　聊得起勁話一多就會失言。不可對騷擾性言論弔以輕心，以免這種情況發生。

42 閱讀　與話題豐富的人聊天是件非常愉快的事。為此，平時就需要廣泛地收集題材。閱讀是絕佳的手段。

49

傳遞訊息
提升輸出力

> 光是讀許多書、參加一個又一個的研討會，也不見得就能掌握知識和技能。因為只進不出，早晚會忘得一個也不剩。重要的是如何將學過的東西加以利用（輸出）。提高傳遞訊息的能力，學習效率就會大幅提升。

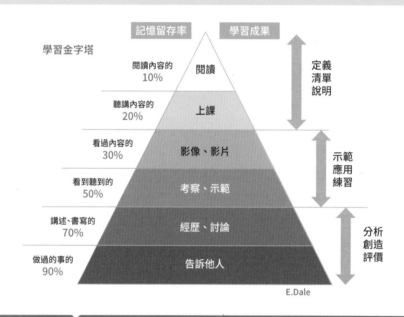

學習金字塔

| 記憶留存率 | 學習成果 |

- 閱讀內容的 10% ── 閱讀
- 聽講內容的 20% ── 上課
- 看過內容的 30% ── 影像、影片
- 看到聽到的 50% ── 考察、示範
- 講述、書寫的 70% ── 經歷、討論
- 做過的事的 90% ── 告訴他人

定義
清單
說明

示範
應用
練習

分析
創造
評價

E.Dale

基本思維 ── 將它輸出、內化成為自己的

　　腦中積存的資訊如果不對外**輸出**（傳遞），很快就會忘記。透過講述、告訴他人可以提高記憶留存率，而不會是一知半解的知識，並能進而產生更深入的學習。關心的觸角會更為敏銳，**輸入**（吸收訊息）的質和量也會提高。

　　不過，若不顧接收訊息那一方的需求，便只是自我滿足。此外，對於輸出的內容也負有責任，有可能遭到批判。正因如此更能獲得鍛鍊。

技能組合　　一步一步穩健地提升水準

對自己　在對外傳遞訊息之前先以自己為對象傳遞訊息，兼作練習，是安全的做法。相對較容易著手的是**閱讀筆記**。務必盡量寫下自己的解讀和看法，不要只是記錄書的內容、重點。累積到一定程度之後就重看一遍，進一步深入挖掘想法。

　　寫**創意筆記**也是一個好方法。想到什麼點子就在筆記本或手札留下紀錄。也可以將當天所思所想和靈感寫成**日記**。做**會議紀錄**時也要盡量記下自己的意見。這類小輸出的累積很重要。

　　累積了一些紀錄後，選定主題寫一篇簡單的報告，或研擬一份對外發布的企畫。在這個階段不聽他人的意見完全沒有問題。隨自己高興地擴大發想很重要。

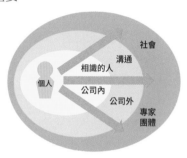

對相識的人　下一個階段，就是在你行有餘力時，試著將自己的想法告訴親近的朋友或公司同事。將自己所學告訴部下或後輩的做法也不錯。兩種方法都可以清楚看出知識學習透徹的程度。若能由此展開**對話**，就能進一步深化想法。

　　或者是進行簡單的**發表**，如在朝會上**演講**等。就算只是兩、三分鐘，也可以藉由條理分明的談話整理腦中的思路。如果希望獲得別人認真聆聽，還需要設法讓演講不無聊。

　　稍微有些自信的話，建議成立**自主學習會**或**自主研究會**。利用自己人的聚會互相進行知識輸出。此外，也可以自告奮勇擔任公司培訓的內部講師。雖說是內部講師，但只要能簡單明瞭地向別人說明，相當程度即可算是真材實料。

對社群　要對不特定的多數人發布訊

233

息，網路是很方便的工具。其中，臉書等的**社群網站**尤其簡單。只是寫日記的話追蹤人數不會增加。要努力以工作或興趣為題發布有價值的訊息。由於不知道訊息會在哪裡又如何擴散，因此需要負責任的記述。

對於不滿足於此的人，則有**部落格、電子雜誌**。讓多數人看到的機會擴大，並直接收到回應。書寫量增加，更新頻率也提高，要費一番心力來想題材。

YouTube影片適合說話比寫文章要拿手的人。持續更新更是辛苦。也因此更能夠磨練輸入和輸出雙方面的能力。而做出的這些東西，都得讓人理解才有意義。因此除了內容之外，還需要學會勾起人興趣的技巧，如下標的功夫等。

❶加入具體數字
100% 吸引人閱讀的7種下標技法

❷說與常識相反的話
想成為了不起的人就不要努力！

❸讓人產生疑問或興趣
你無法出人頭地真正的理由是？

❹凸顯稀有性
唯有這本電子雜誌會談的業界內幕

❺降低難度
只需養成一個習慣

❻煽動不安或不滿
那種做法完全錯誤

❼使內容具有說服力
連續10年業績 NO.1 的業務員現身說法

對社會　最後應當致力追求的是透過付費媒體，尤其是**大眾傳媒**傳遞訊息。這是專業受到認可的證明，發表的內容將永遠留存。其中，**出書**是目標之一。

出版重要的是企畫能力，而非寫作能力。將透過工作或興趣培養出的原創材料寫成企畫，尋找接受毛遂自薦的出版社。有時，邀約會來自部落格或電子雜誌。資金寬裕的人也可以自費出版。

一旦書受到社會大眾的認可，雜誌和網站的**邀稿**便會紛至沓來。甚至有機會受邀**演講**或辦**專題講座**。能否出書會大大影響傳遞訊息的能力。

為此，需要具備相應的知識和資訊。甚至有人說，要讀一百本書才能寫出一本書。如果真的想了解一個領域，寫書是最好的方法。

出版企畫書

題名	只要讀過就能學會！「技能練習手札」
對象	二十多歲的年輕職場人士
目的	讓工作經驗尚淺的人藉由閱讀，輕易學得初階的職場技能，並擬定今後的技能提升計畫。
特色	・能夠自我診斷技能的程度 ・按照順序解題，藉以自然地掌握技能 ・大量使用插圖，以視覺的方式加以解說
構成	1　職場技能的必要性和有用性 2　檢查你的技能！ 　・分成思維類、人際類、技術類 　・依工作類型檢查必需的技能 3　思維類技能是以頭腦學得 　・邏輯思考、定量分析等 4　利用人際類技能致力成為溝通高手 　・從旁輔導、簡報等 5　DX時代需要具備的技術類能力 　・電腦、智慧型手機、網路等 6　培養自己獨有的技能
同類書籍	堀公俊《職場技能圖鑑》
作者	山田太郎：早稻田大學畢業，任職於圓山商事人事部。因職場技能的YouTube影片博得人氣

最初的一步　**養 成 輸 出 的 習 慣**

　　凡事只要養成習慣就能駕輕就熟。對於養成輸出習慣最理想的方法是樋口健夫研發出的創意馬拉松。即「持續將每天所思所想寫在筆記本上，藉以提升構思力、思考力的連續式訓練方法」（創意馬拉松研究所）。

　　準備一本A5大小的筆記本，隨身攜帶以便能隨時做記錄。每天寫下一個以上的點子，不斷地記錄下去。不管內容和品質。想到什麼、注意到什麼都可以記錄。寫法也不拘，用畫圖的或貼照片都沒關係。總之，腦中浮現什麼就立刻記下來。找幾個朋友一起開始也不錯。偶爾聚會時將筆記本帶去，互相發表自己的點子也是一種很好的輸出。有時還會發展成工作上可利用的構想。正所謂「繼續就是力量」。

創意馬拉松　IDEA

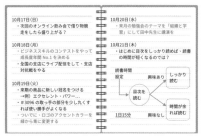

相關技能　**提 高 輸 出 的 價 值**

03 創造性思考　傳遞訊息會需要原創性。至今無人發覺、獨一無二的消息才具有價值。創造性思考將可發揮作用。

08 市場行銷　傳遞訊息要有接收的對象。為免流於自以為是，必須充分了解對方關心的事和需求。

41 收集資訊　沒有輸入便無法輸出。平時收集多少資訊對輸出的品質會造成很大的影響。

你要進步更多，早日能獨當一面。儘管這麼說，但上司、老師和父母都沒有教我們如何學習。原是優秀人才，進入公司後進步緩慢的原因之一，也是不懂得如何在職場學習。如果想掌握新的技能卻不知道如何學習，永遠只是畫餅充飢。

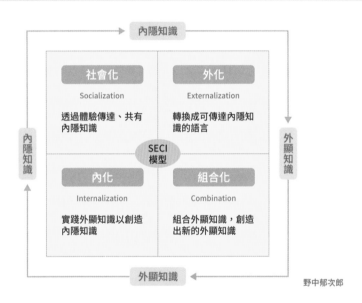

野中郁次郎

基本思維 **追求自律性的改變**

　　學習就是透過對知識和能力等的取得和修正，使行為持續性地改變。長大成人後仍然必須學習。一般認為，要成為某個領域的專家，需要一萬個小時的學習（**一萬小時定律**）。帶著**具體課題，根據經驗自主地學習**即是成年人的學習。

　　學習有多種途徑。不論何種途徑，重點都是創造外顯知識和內隱知識的螺旋式上升。

技能組合　**將 豐 富 多 樣 的 學 習 方 法 搭 配 組 合**

勤奮用功　許多人會從學習一詞聯想到用功念書，也就是透過上課、看書獲得知識並背下來。因為是擁有知識的人對沒有知識的人傳遞知識，所以稱作**學習移轉模式**（J.Lave）。

它適合用於學習理論、程序等的**外顯知識**，優點是可以在短時間內吸收大量的知識。套用自己的經驗進行學習，會理解得更深。

問題在於無法一直保持記憶。為免遺忘，有必要反覆**複習**和**練習**。資訊的組塊化、故事化、圖像化這一類記憶的技巧也具有效果。

學到的內容，要經過實務現場多次的實踐才會成為自己所有。為此需要依實務現場做相當程度的改編。作者或講師不會教到這麼仔細，只能自行研究出做法。

創造知識	可傳達知識的研究者創造知識
傳達知識	講師將被創造出的知識傳遞給學習者
學得知識	學習者學得知識
應用知識	學習者在實務現場應用學得的知識

中原淳

從經驗中學習　被通則化的理論在實務現場不一定派得上用場。重要的是將自己從經驗中獲得的**內隱知識**昇華為自己獨有的理論（My Theory）。這就是D. Kolb提出的**經驗學習模式**的想法。

My Theory必須能根據情況不斷創造新事物。為此「學習如何學習」就是這套模式的妙諦。

經驗學習的關鍵在於回顧經驗——**省思觀察**階段。試著以語言文字寫出來是深刻面對自己的好方法。或者，有過同樣經驗的人聚在一起，透過工作坊進行對話也是一個方法。不要演變成只是檢討或指出缺點，這很考驗主持回顧進行的催化引導師的能力。對缺乏經驗的人來說，也是從他人的經驗獲得學習的絕佳機會。

4 **實踐** Active Experimentation　1 **具體經驗** Concrete Experience

經驗學習模式

3 **概念化** Abstract Conceptualization　2 **省思觀察** Reflective Observation

凝視自己　假設有個人因為口才不佳而想學習簡報技巧。在急忙去上課之前應當先檢視這樣的想法（前提）。如「學了簡報技巧口才就會變好嗎？」、「好好表達一件事真正需要的是什麼？」、「為什麼認為好好表達一件事是必要的？」等。只要像這樣刻意去質疑自己的想法，就會有重新評估的空間。這就是M. Reynolds的**批判式學習模式**。

　　批判性思考在這類學習中非常重要。必須具備這樣的能力才能**打破「理所當然之牆」**（常識和既定觀念）。實際上要靠自己擺脫迷思很困難，理想的做法是有同伴一起進行有建設性的批判。來自不同文化背景的人的批判，對打破群體本身的前提（舉例：工作就是應該完美無缺）不可或缺。

探究手段模式	批判式地回頭檢視是否使用最佳的手段來達到活動的目的
對目的形成共識模式	批判式地回頭檢視活動目的是否具有普遍令人信服的合理性
批判背景模式	批判式地回頭檢視認為目的和手段正當的自己對事情的看法和思維

在學習場合互相提升　即使沒有安排閱讀或專題研討會這類的學習，人在工作中也會逐漸成長。匠人世界（學徒制）即是典型的例子。在作業場所長期相處，透過耳濡目染學習，並逐漸嫻熟那項技藝。這就是Lave和Wenger所說的**合法的邊際參與模式**。

　　工作和學習為一體，知識和技能在實踐社群中為成員共享。一旦新人從技藝專精者那裡偷學到技術便能獨當一面。對技藝專精者來說，教學是最好的學習手段。就這樣互相**切磋琢磨**，共同追求成長。

　　很遺憾的，在現實中，不論工作單位或專案計畫都很難建立這樣的社群。這麼一來，向外尋求是一個方法，如地方上的活動、專業社群、志工組織等。學習無邊無界。在學習中獲得的智慧必將對工作有所助益。

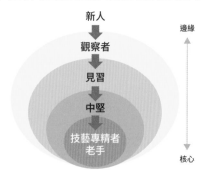

最初的一步 徹 底 模 仿 、 學 習

　　「學習」和「模仿」語出同源。日本藝能和武術界所採用的學習模式「**守破離**」，和A.Collins等人提倡的**認知學徒制**，兩者共通之處就是從模仿專家開始學習。

　　模仿時，「徹底抄襲」（TTP*）很重要。因為徹底，不是這裡、那裡偷學一點，因此專家的每一個動作都要統統照做。連細微的動作也分毫不差地完全複製。只是局部、大約的話，會學得不確實。

　　當然，並非這麼容易就能模仿。即使自認全部照著做了，但在專家看來也許似是而非。因為是初學者才分辨不出其間的差異。透過這樣的艱苦奮戰，在過程中一點一點地掌握技巧，才能慢慢體會行為的意義。首先，讓我們不要嘮嘮叨叨，立志做到完整複製吧！

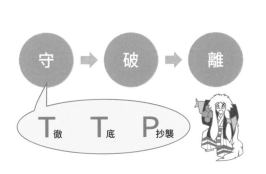

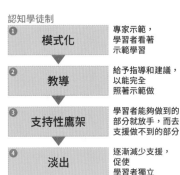

認知學徒制

❶	**模式化**	專家示範，學習者看著示範學習
❷	**教導**	給予指導和建議，以能完全照著示範做
❸	**支持性鷹架**	學習者能夠做到的部分就放手，而去支援做不到的部分
❹	**淡出**	逐漸減少支援，促使學習者獨立

相關技能 終 生 持 續 學 習

25 賦予動機　學習是持續一輩子的長期活動。不僅是做法，動機能否持續也是一大關鍵。

26 人才開發　學習和教育可說是一體的兩面。不過因為各有各的意圖，使得目的和手段常常互相牴觸。同時擁有雙方的視角可以讓學習更有效果。

27 職涯規畫　制定計畫對有效率地學習不可或缺。職涯規畫描繪了自己所要追求的職業生涯，正是制定計畫的基礎。

運用AI

今後會協助我們進行智力生產活動的強大技術就是AI。現在已有許多使用AI的工具，一定要積極加以利用。

比方說，利用**聲音辨識**將會議上的發言做成文字資料（發言紀錄）。再使用**文字探勘**，即可讓頻頻出現的關鍵字、發言傾向、字詞的關係等浮現。只要使用AI，連人類至今一直在做的高度腦力作業都能像這樣輕易完成。

AI不過只是工具，如何使用並將它有效利用在工作上取決於我們自己。AI運用是一項值得我們今後密切關注的技能。

記憶

學完之後就開始遺忘的話，智力生產活動就無法盡如人意。掌握高效記憶的技巧，對各種各樣的場面都有幫助。

具體來說，有編故事、圖像化、與某樣事物連結、利用諧音等的**記憶**手法。還有**維持**記憶的方法，如睡前三十分鐘背誦、背完後立刻回想、透過書寫來記憶。我無法一概而論地說哪種方法比較好，只能各自找出最適合自己的方法。

不擅長記憶的朋友只能運用**筆記術**，寫在紙上等幫助自己記住。這方面也有許多方法，需要製作能喚醒記憶的備忘錄。

習慣

我們有四成的行為已變成習慣，會自動重複。只要改變**習慣**就能戒除惡習、不費力地完成很困難的事。

為了做到這一點，必須掌握一定的方法論。根據C.Duhigg的說法，習慣存在觸因→慣性行為→獎賞這樣的迴路。因此，消滅引發習慣的觸因、改變已成慣性的行為、除去對獎賞的需求等，會是有效的對策。

藉由這種方式建立的新習慣要靠**意志力**來維持。這部分也有方法可以鍛鍊，以科學方式提高建立習慣的能力即是成功的祕訣。

職業別職場技能一覽表
閱讀指南

職業別職場技能一覽表

管理類

		經營企畫	人事總務	財務會計	法務智財
思維類技能	01 邏輯思考				
	02 批判性思考				
	03 創造性思考				
	04 創意發想				
	05 解決問題				
	06 決策				
	07 擬定策略				
	08 市場行銷				
	09 企業會計				
	10 定量分析				
人際類技能	11 人際溝通				
	12 從旁輔導				
	13 明確主張				
	14 怒氣管理				
	15 客訴處理				
	16 簡報				
	17 說服				
	18 談判				
	19 催化引導				
	20 寫作				
組織類技能	21 管理				
	22 領導能力				
	23 追隨力				
	24 打造團隊				
	25 賦予動機				
	26 人才開發				
	27 職涯規畫				
	28 全球化人才				
	29 心理保健				
	30 騷擾防治				

※顏色愈深表示必要性愈高。業務類和知性生產類的技能，因必要性受個人因素影響大過職業類型，因此未列入此表。

銷售類

		公關 IR	行銷 宣傳	推銷 販售	服務 顧客應對
思維類技能	01 邏輯思考				
	02 批判性思考				
	03 創造性思考				
	04 創意發想				
	05 解決問題				
	06 決策				
	07 擬定策略				
	08 市場行銷				
	09 企業會計				
	10 定量分析				
人際類技能	11 人際溝通				
	12 從旁輔導				
	13 明確主張				
	14 怒氣管理				
	15 客訴處理				
	16 簡報				
	17 說服				
	18 談判				
	19 催化引導				
	20 寫作				
組織類技能	21 管理				
	22 領導能力				
	23 追隨力				
	24 打造團隊				
	25 賦予動機				
	26 人才開發				
	27 職涯規畫				
	28 全球化人才				
	29 心理保健				
	30 騷擾防治				

開發類

		資訊系統 系統開發	研究 調查	開發 設計	品質管理 技術管理
思維類技能	01 邏輯思考				
	02 批判性思考				
	03 創造性思考				
	04 創意發想				
	05 解決問題				
	06 決策				
	07 擬定策略				
	08 市場行銷				
	09 企業會計				
	10 定量分析				
人際類技能	11 人際溝通				
	12 從旁輔導				
	13 明確主張				
	14 怒氣管理				
	15 客訴處理				
	16 簡報				
	17 說服				
	18 談判				
	19 催化引導				
	20 寫作				
組織類技能	21 管理				
	22 領導能力				
	23 追隨力				
	24 打造團隊				
	25 賦予動機				
	26 人才開發				
	27 職涯規畫				
	28 全球化人才				
	29 心理保健				
	30 騷擾防治				

生產類

		生產企畫 生產管理	籌措 購買	製造 生產技術	物流 出貨
思維類技能	01 邏輯思考				
	02 批判性思考				
	03 創造性思考				
	04 創意發想				
	05 解決問題				
	06 決策				
	07 擬定策略				
	08 市場行銷				
	09 企業會計				
	10 定量分析				
人際類技能	11 人際溝通				
	12 從旁輔導				
	13 明確主張				
	14 怒氣管理				
	15 客訴處理				
	16 簡報				
	17 說服				
	18 談判				
	19 催化引導				
	20 寫作				
組織類技能	21 管理				
	22 領導能力				
	23 追隨力				
	24 打造團隊				
	25 賦予動機				
	26 人才開發				
	27 職涯規畫				
	28 全球化人才				
	29 心理保健				
	30 騷擾防治				

堀公俊（Hori Kimitoshi）

神戶市出生。大阪大學工學研究所畢業。曾任職於大型精密機器製造公司，負責經營企畫、行銷、國際銷售、研發、生產管理、新事業開發等業務。2003年成立日本引導學協會擔任首任會長，並以此為契機自立門戶。以引導師的身分致力於企業和社群的改革，同時也是活躍在各種各樣主題研習活動中的人氣講師。努力開發並推廣職場技能。現在是堀公俊事務代表、組織顧問、大阪大學兼任講師（科技設計論）、日本引導學協會會員。著作眾多，有《商業架構》、《職場與工作的法則圖鑑》、《引導學入門第二版》、《現在開始工作坊》（以上為日經文庫）、《線上會議教科書》（朝日新聞出版）等，其中許多著作都在國外出版。

聯絡方式：fzw02642@nifty.ne.jp

職場必備技能圖鑑
能力UP！薪水UP！一生都受用的50項關鍵工作術

2022年4月1日初版第一刷發行
2023年5月1日初版第二刷發行

著　　　者	堀公俊
譯　　　者	鍾嘉惠
編　　　輯	魏紫庭
封面設計	水青子
發 行 人	若森稔雄
發 行 所	台灣東販股份有限公司
	＜地址＞台北市南京東路4段130號2F-1
	＜電話＞(02)2577-8878
	＜傳真＞(02)2577-8896
	＜網址＞http://www.tohan.com.tw
郵撥帳號	1405049-4
法律顧問	蕭雄淋律師
總 經 銷	聯合發行股份有限公司
	＜電話＞(02)2917-8022

著作權所有，禁止翻印轉載。
購買本書者，如遇缺頁或裝訂錯誤，
請寄回調換（海外地區除外）。
Printed in Taiwan

國家圖書館出版品預行編目(CIP)資料

職場必備技能圖鑑：能力UP！薪水UP！一生
都受用的50項關鍵工作術／堀公俊著；鍾
嘉惠譯. -- 初版. -- 臺北市：臺灣東販股份
有限公司, 2022.04
246面：14.8×21公分

ISBN 978-626-329-165-2（平裝）

1.CST：職場成功法

494.35　　　　　　　　　　　111002913